后浪出版公司

［法］多米尼克–福费勒 著 ［法］梅洛迪·当蒂尔克 绘

刘可澄 译

威士忌图解小百科

WHISKY GRAPHIE

四川文艺出版社

目录

酌饮威士忌

威士忌图解小百科

——— P.75

P.103———

威士忌逸闻

威士忌图解小百科

酿造优质威士忌

威士忌图解小百科

酿造优质威士忌

威士忌图解小百科

👉 真的还是假的？
威士忌是由大麦酿造的

真的。大麦是威士忌最初的酿造原料，如今仍被使用。不过，威士忌是一种风靡全球的酒饮。因此，不同地区的人们会选用最适宜当地土壤种植的谷物进行酿造。

全世界有上百种**啤酒大麦**[1]，不同地区的品种各不相同，部分是冬大麦[2]，更常见的是春大麦[3]。

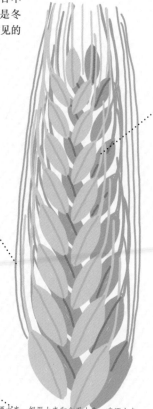

麦穗

麦芒

麦秆

1.大麦可分为啤酒大麦、饲用大麦和食用大麦。啤酒大麦，顾名思义，是用于酿酒的。——译者注，下文若未特殊标注，均为译者注。
2.秋季播种的大麦。
3.春季播种的大麦。
4.即令大麦发芽，这是威士忌酿造的第一道工序。

没有人喝的大麦粥

大麦的种植历史可追溯至史前时代。如今，无论在芬兰还是在热带国家，这种禾本科植物已被广泛驯化。虽然总有人鼓吹大麦有益健康，但几乎无人食用。供人类食用的大麦仅占全球大麦产量的3%。其余的大麦用来做什么呢？60%用于饲养动物，剩下的大部分则会被制成麦芽，也就是啤酒及威士忌不可或缺的原料。

60%   **30%**

天造地设

苏格兰和爱尔兰有着相同的烦恼，农业发展困难重重：土地贫瘠，日照稀缺，地形崎岖，海风凛冽。而大麦因易于种植，成为这两个地区的明星谷物。食用大麦易有饱腹感，因此，大麦受到了当地食不果腹的居民的青睐。此外，大麦是最适合进行发芽处理[4]的谷物。这一切都使得大麦成为酿造威士忌的最佳选择。

玉米与波本威士忌

玉米含量至少达到51%，这样的威士忌才能被称为"波本威士忌"。早在殖民者到达美洲前，印第安土著就已经种植玉米了。后来，殖民者开始效仿印第安人。如今，美国是全球最大的玉米生产国。

黑麦与黑麦威士忌

北美洲的欧洲移民（爱尔兰人、德国人及荷兰人）酿造出了第一批黑麦威士忌。这种酿酒方法在加拿大延续至今。

进阶阅读

大麦嫩苗能够帮助猫咪吐出毛团，刺激猫的肠胃蠕动，因此得名"猫草"。

荞麦与布列塔尼威士忌

20 世纪 80 年代，法国布列塔尼地区的人们才开始酿造威士忌，使用的原料包括荞麦。这种谷物也是美味的格雷派饼的原料。布列塔尼的**荞麦年产量为 3000 吨**，还不到该地区荞麦年消耗量的1/4。

本书插图系原文插图。

👉 真的还是假的？
麦芽是威士忌不可或缺的原料

这是真的。

但是，谷物威士忌与调和威士忌的大部分酿造原料都是未经发芽处理的谷物。

关乎味道

麦芽不仅仅能提高谷物酿酒的转化效率，也能为酒液增添风味。

颖壳

麦穗

1. 麦芽制造的简称，也就是对大麦进行发芽处理，使大麦发芽。

啊！工作！

威士忌酒厂自行制麦[1]的时代已经远去了。麦芽制造为手工操作，费时费力。如今，大部分酒厂将这项工作外包给了制麦企业。制麦企业规模大小不一，规模较大的多已工业化，规模较小的则不然。部分制麦企业还涉足生物领域的业务。

祝你好运！

酿 酒 厂

制麦企业

无比天然

麦芽制造指人为地触发并中断谷物发芽。最常见的接受发芽处理的谷物是**啤酒大麦**，其余谷物包括小麦、黑麦、小米和高粱。制麦过程中将产生淀粉**糖化**及酒精发酵所必需的酶类，必须具备三种自然条件：水、空气与高温。

麦芽制造的四道工序

1 浸麦

将谷物浸入水中，或把水浇洒在谷物之上，使谷物湿度达到45%。

发芽

平铺谷物，进行通风处理，让谷物发芽并长出**侧根**。生化反应将释放并激活酶。

2

3 干燥

换句话说就是让谷物变干。把谷物置于高温下进行通风处理，或放入窑炉中。这道工序将使发芽中断，并加快酶的释放。

4 完美

除根

谷物过筛，去除侧根。经过以上四道工序，我们就制造出了可用于酿酒的麦芽了。

进阶阅读

麦芽还可用于：

当然是酿造啤酒了。啤酒和威士忌一样，离了麦芽可不行；

制作面包、蛋糕、谷物棒、能量饮料……麦芽以营养丰富而著称。

黑麦汁

麦丽素

☝ 名词解析

* **啤酒大麦**：用于酿酒的大麦。

* **糖化**：一种生化过程——多糖，比如淀粉，会转化为可发酵的单糖或双糖。

* **侧根**：植物细小的根。

真的还是假的?

泥煤威士忌
含有泥煤

假的。幸好是假的!毕竟,泥煤的成分、外观和味道,都会让你难以下咽。

什么是泥煤?

泥煤亦称泥炭,由化石化了的植物在水分充足的环境中形成。每1000年,泥煤的厚度会增加约5厘米。这也意味着,泥煤是不可再生资源。开采泥煤会对泥炭沼泽造成损害,这种损害将至少持续1000年。

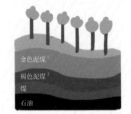

鲜花插在泥煤上

泥煤是绝佳的**肥料**,尤其适合**园艺植物**。然而,泥炭沼泽会因农业耕种而遭到破坏。

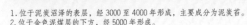

1.位于泥炭沼泽的表层,经3000至4000年形成,主要成分为泥炭苔。
2.位于金色泥煤层的下方,经5000年形成。

来点
茶吗？

来点吧，
谢谢。

泥煤取暖……效果一般

为了改善泥煤的取暖性能，人们会对泥煤进行干燥处理，并压缩成煤砖。然而，泥煤的**取暖效果还是不尽如人意**。而且，泥煤在燃烧时会释放大量烟尘。既然如此，为什么爱尔兰人还要将泥煤作为燃料呢？原因在于，爱尔兰的木材资源匮乏，而该地区的湿润气候又利于泥煤形成。在今天，这个生动的取暖场景搭配其独特的气味，已成为爱尔兰的特色旅游景观。

文火慢烹

因此，酿酒师不会将泥煤与其他酿酒原料混合在一起。烘干发芽大麦时，泥煤才会登场。泥煤威士忌的加工工序精细入微，因此价格高昂。装有泥煤的窑炉位于大麦**干燥炉**下方的第二层。高温加热会使泥煤释放**苯酚**。

需要注意的是，烘干时应使用小火，确保谷物湿润。这样才能让谷物充分吸收泥煤烟雾，增添风味。

这道工序用时超过 30 个小时。

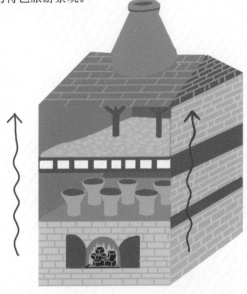

进阶阅读

苏格兰的艾雷岛被誉为"赫布里底群岛的女王"。岛上的威士忌酒厂最盛时曾多达 23 家，如今只剩下 8 家，而岛上居民不过 3000 人（夏天时会多出 55000 名游客）。艾雷岛的威士忌最为人称道的便是其浓郁的泥煤风味：不但在干燥发芽大麦时使用了泥煤，就连浸麦的水也携带着泥煤物质。1779 年，艾雷岛上的第一家威士忌酒厂于波摩开业。波摩是艾雷岛上的主要村庄之一，如今依然存在。

艾雷岛

👆 名词解析

* **化石化：** 死亡有机体的部分或全部被矿物质取代的过程。

* **苯酚：** 植物界中十分常见的化学物质，常用于工业及药理学研究，有毒。威士忌含有微量的苯酚，这种物质会影响酒液的味道。

麻烦加点冰块。

真的还是假的？
糖化滤出的谷物残渣会用来饲喂牲口

真的。 糖化后，酿酒师会对酒液进行过滤，并将固体残渣收集起来，供反刍动物享用。需要明确的是，这些谷物残渣是不含酒精的，牛可喜欢吃了！

变成糊状

烘干时，发芽大麦还能享受片刻宁静。

随后，它们将迎来无情的命运：被碾成粗糙粉末，也就是"碎麦芽"。

接下来是威士忌酿造中非常重要的一道工序——糖化。糖化分离出的固体残渣将用于饲喂牲口，液体则用于酿造威士忌。

沸腾的热水！

糖化时，酿酒师会将碎麦芽倒入糖化锅，并加入质量为碎麦芽 4 倍的热水。这个步骤需重复 3 次，全程共 8 小时。每一道水的温度会逐渐升高，直到近乎沸腾。**糖化锅**中装有桨叶。桨叶转动，使麦芽汁通过糖化锅底部的孔眼，流入**收汁槽**。

尊敬的水陛下

在威士忌的酿造过程中，**水**是非常常见的元素；在糖化中，水更是占据着**极为重要的地位**。威士忌酒厂总以水的质量及纯净度来标榜自家产品。

60°C

第一道水的水温。

65°C

水温超过 65 摄氏度后，能将淀粉分解为可发酵糖的酶就会死亡。

70°C

第二道水的水温，升高以提取剩余的糖。

80°C

第三道也是最后一道水的水温。

进阶阅读

糖化对威士忌的味道有着极大影响。

碎麦芽过滤得越干净，酒液的麦香就越突出。若过滤程度适中，酒液的麦香则会更为明显。可惜的是，这些重要信息不会标记在酒标上。但如果你到访威士忌酒厂，工作人员将会为你介绍相关信息。

名词解析

* **碎麦芽**：碾碎的麦芽。

* **糖化锅**：钢质锅或木质锅，带有旋转桨叶，底部带孔眼。

* **麦芽汁**：糖化过程制得的甜汁。

* **收汁槽**：糖化过程中暂时储存麦芽汁的容器。

真的还是假的?
酵母能为酒液增添香气

这是真的,酵母会带来香气。在酿造过程中,酵母完成了一个必不可少的动作:把糖转化为酒精。酵母为酒液增添了果香、花香与谷香。

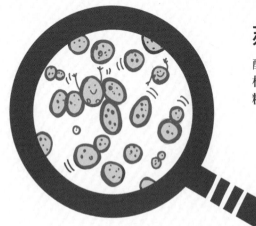

苏格兰

酵母(酵母科是一个庞大的单细胞真菌科目,只能通过显微镜观察)是活的有机体,它们的细胞需要空气才能繁殖。发酵是在无氧环境下进行的。发酵时,糖将会转化为酒精及二氧化碳。

火上浇油

糖化完成后,酿酒师会将麦芽汁冷却至 20 摄氏度,然后倒入发酵槽。发酵槽可容纳 1000 升至 50 000 升液体。这个时候就可以加入酵母了。发酵开始后,槽内温度上升至 35 摄氏度,麦芽汁变为酒醪。发酵槽中装有旋转桨叶。酒醪需要不停搅拌,以防止温度过高,酵母失效。

经过 40 小时至 60 小时,我们就得到了一种麦芽啤酒,酒精浓度在 6% 至 8% 之间。随后,酒醪会被储存在酒醪箱中,等待蒸馏。

何种香味？

发酵过程会产生酯，酯具有果香：苹果、杏、热带水果……的香味。发酵过程中还会产生花香，比如紫罗兰，以及谷物香气。谷物香气会让威士忌闻起来像麦片粥一样。陈年后的威士忌具有何种香味，取决于多种因素，包括**酵母的选择**，这通常是酿酒师的秘密。

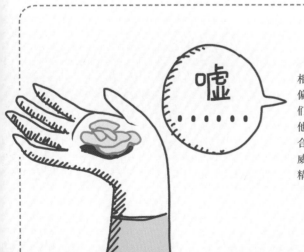

进阶阅读

相较于脆弱的**天然酵母**，酿酒师更偏好人工培养酵母。然而，即使我们知道了酒厂使用的是哪种酵母，他们也永远不会透露菌株种类及混合比例的！**这可是最高机密！**毕竟，威士忌的独家香味就取决于酵母的精妙配制。

👆名词解析

* **发酵槽**：发酵容器，最初的材质为俄勒冈松或落叶松，如今多为不锈钢，便于养护。

* **酒醪**：麦芽汁中的糖分转化为酒精后，就变成了酒醪。

* **酒醪箱**：在蒸馏工序前，用于储存酒醪的容器。

* **酯**：羧酸的衍生物，威士忌中自然果香的来源，广泛运用于合成香料及香水行业。

👉 真的还是假的?

连续式蒸馏器是苏格兰人发明的

这是假的,也是真的。反正你不能在爱尔兰人面前说这是真的,毕竟塔式蒸馏器(连续式蒸馏器)是由爱尔兰人改良完善的。然而,使用这种蒸馏器的是苏格兰人。

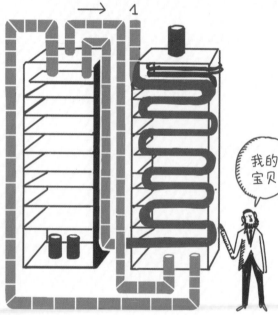

1830 年

爱尔兰人**埃涅阿斯·科菲**(Aeneas Coffey)改良了**塔式蒸馏器**。

科菲出生于法国加莱,父母都是爱尔兰人。幼年时,他回到爱尔兰。1799 年,科菲入职税务机关,负责管控威士忌酒厂的税务工作。因为对威士忌行业的了解越来越深,1823 年,他辞去税务监察长的职位,成为一名酿酒师。

我的宝贝

塔式蒸馏器有哪些新奇之处?

1. **壶式蒸馏器**需分批次蒸馏,而**塔式蒸馏器**可以连续蒸馏。这个新发明节省了时间与人力,降低了酿酒成本。

2. 塔式蒸馏器能够制出酒精浓度超过 90% 的酒液,便于稀释。

90°

爱尔兰人：塔式蒸馏器不正统 ——

塔式蒸馏器使蒸馏工序更为简便，促进了威士忌的大规模生产，但也因此遭到了爱尔兰人的蔑视。苏格兰人则利用塔式蒸馏器提升了威士忌的产量。19世纪末，苏格兰人因过量生产威士忌，还引发了一场危机（见第33页）。

进阶阅读

爱尔兰人和苏格兰人一直不对付的原因之一，大概就在于塔式蒸馏器吧。但事实似乎无可争议：爱尔兰人埃涅阿斯·科菲完善了苏格兰人罗伯特·斯坦恩（Robert Stein）的发明。此前，斯坦恩的发明并未获得酿酒师的关注，是科菲让塔式蒸馏器名声大噪，使之成为了威士忌行业——确切地说是苏格兰威士忌行业——的关键因素！

☝名词解析

* **塔式蒸馏器（Patent still）**：科菲式蒸馏器的名字。在英语中，patent是"专利"的意思，埃涅阿斯·科菲为他的发明注册了专利。

* **壶式蒸馏器（Pot still）**：传统蒸馏器，形状是一个巨大的水壶，连接着形似天鹅颈的管道。在英语中，still是"静止"的意思，引申为"蒸馏器"。

19

👉 真的还是假的？

陈年前，需要蒸馏三次酒液

假的。 三次蒸馏是爱尔兰地区的传统，并非世界上的所有地区都是如此；而且，不同种类的威士忌，蒸馏次数也不同。

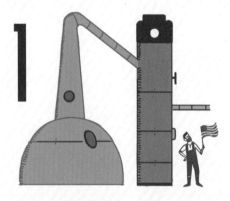

美国的**谷物威士忌**（谷物未经发芽处理）通常只会进行**一次蒸馏**。这也是为什么，这种威士忌拥有浓郁口感。每一次蒸馏加热都会去除液体中风味最厚重的物质；如果只加热一次，这些物质便会留在酒液中。

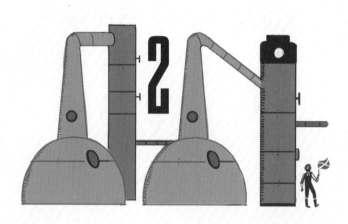

通常而言，苏格兰威士忌会进行二次蒸馏。**纯麦威士忌**也是如此。

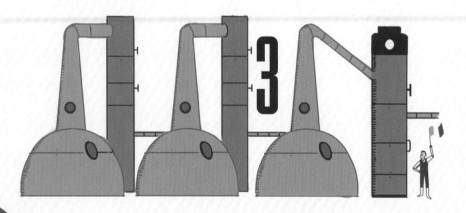

三次蒸馏是爱尔兰的传统。爱尔兰威士忌不能说是"最好的"，但一定是"独特的"。经过三次加热后，液体中风味浓重的物质都被去除了，只留下水果的香气。

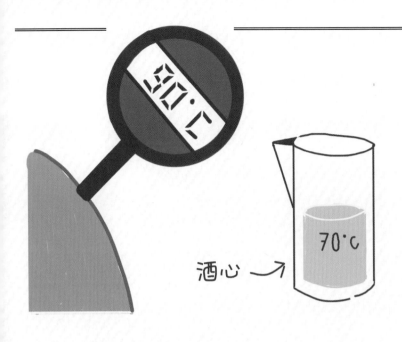

去头去尾

随着蒸馏温度的升高，馏出物会发生变化。**酒头**加水时会变得浑浊；**酒尾**的硫化物含量过高，芳香族化合物的味道也过于浓郁。人们会继续蒸馏酒头及酒尾，只将**酒心**保留下来，用于后续酿造。

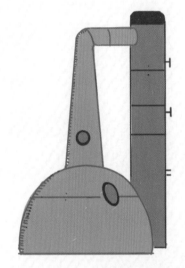

20 年

蒸馏器的使用年限至少为20年，有时甚至能用30年。蒸馏器的所有参数都十分重要，比如大小、形状、天鹅颈的倾斜度等。酿酒师深知这些参数至关重要，因此他们不愿随意改动蒸馏器，担心会对威士忌的风味造成严重影响。

进阶阅读

Cu²⁺

铜并不是因为美观才成为蒸馏器的首选材料。其实是因为，这种元素可以充当催化剂，提升化学反应的速率，去除**不受欢迎的硫化物**，且不会留下明显味道痕迹。

👆 名词解析

*酒头：蒸馏的头段产物，酒精浓度介于72%至80%之间。

*酒尾：蒸馏的末段产物，酒精浓度低于70%。

*酒心：蒸馏的中段产物，酒精浓度介于68%至72%之间，是唯一可用于酿造威士忌的部分。

👉 真的还是假的？

威士忌和波本威士忌是以不同方法酿造的

看招！

真的。 无论是成分还是酿造方法，威士忌和波本威士忌都有着显著不同。

1. 玉米而不是大麦

无论名字怎么叫，凯尔特人的"生命之水"（Uisge Beatha）都是一种广受欢迎的大众饮品，理应无须花费太大力气便能酿造出来。玉米是美洲的本土作物，易于种植，产量丰富。因此，美洲人选择使用玉米来酿造他们的"生命之水"：波本威士忌的玉米含量至少要达到51%。为了让口感更加柔和，酿酒师还会加入黑麦、小麦及大麦。含有更多种谷物的波本威士忌十分常见。

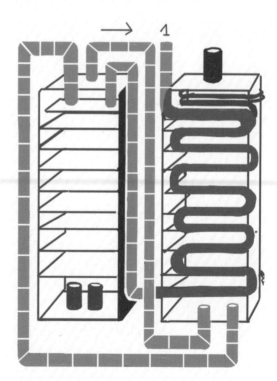

2. 连续蒸馏，而不是二次蒸馏，也不是三次蒸馏

波本威士忌无须二次蒸馏（苏格兰威士忌），更无须三次蒸馏（爱尔兰威士忌）。波本威士忌使用的是**塔式蒸馏器**，仅蒸馏一次即可。

3. 使用新桶陈年，而不是旧桶

蒸馏后，波本威士忌会被装入全新橡木桶中陈化。在此之后，这些橡木桶并不是就没有用处了。欧洲人会再次使用盛放过波本威士忌的橡木桶陈化酒液。

4. 陈化 2 年，而不是 3 年

波本威士忌在装瓶前需陈化 2 年，威士忌的陈化时间则为 3 年。陈化时间更久的美酒佳酿在市面上也有许多，陈化 6 年的酒款十分常见。

进阶阅读

的确，波本威士忌陈化时使用的橡木桶是全新的。在被用于陈化之前，这些橡木桶往往都被烘烤过。橡木桶制作完成后，箍桶师会用火烘烤桶的内部，并让余烬或多或少地燃烧一段时间。烘烤时长的不同，会为橡木桶带去不同香气。起初，**烘烤橡木桶**是为了去除桶内奇怪的味道。后来人们发现，经过烘烤的橡木桶带有香草气息，能为酒液增添风味。

☝ 名词解析

* Uisge Beatha：凯尔特语的"生命之水"，威士忌的第一个名称。"whisky"一词便由此演变而来。

*陈化：使威士忌熟成，令其品质日臻完善。在此过程中，酒液特质得以形成并突显。

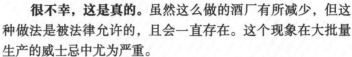 真的还是假的？
威士忌含有焦糖色素

妈妈 / 威士忌

很不幸，这是真的。 虽然这么做的酒厂有所减少，但这种做法是被法律允许的，且会一直存在。这个现象在大批量生产的威士忌中尤为严重。

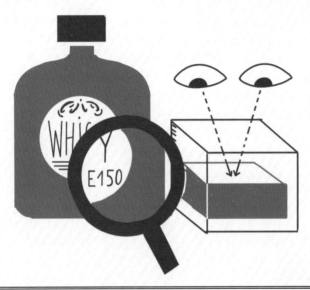

赏心悦目的颜色

从蒸馏器出来的新酒是透明的，这与我们杯中威士忌的颜色并不相符。没错，在橡木桶中陈化时，威士忌才会变成我们平时看到的迷人颜色。然而，陈化变色是一种自然现象，难以精准掌握。怎么才能让同一个品牌的每一瓶威士忌都拥有统一的、与饮酒爱好者的期待相符的颜色呢？即使味道一样、陈化时间一样、陈化时使用酒桶的木材一样，且酒桶以前装过的酒液也一样（波本酒、雪莉酒、葡萄酒……），威士忌依旧会呈现出不一样的色泽。俗称"**焦糖色素**"的 **E150** 着色剂能统一威士忌的颜色，这种做法是被法律允许的。有的国家规定，如果添加了焦糖色素，需在酒标上注明；有的国家则没有这种规定，比如法国。专家表示，只有经验最丰富的威士忌品鉴者，才能辨别出酒中是否添加了焦糖色素。

几点刻板印象

颜色越深，年份越高。 的确，威士忌陈化时，颜色会变得越来越深。但酒体颜色也取决于酒桶过往盛放过的酒：如果使用的是雪莉桶及波特桶，威士忌的颜色会更深一些。

颜色越深，品质越好。 不一定。而且，威士忌也不是年份越久，品质就越好的，有许多"年轻"的优质威士忌。

酒桶越旧，颜色越深。 正相反。使用旧酒桶陈化的威士忌的颜色会更浅一些。使用全新酒桶陈化的波本威士忌，它的颜色就比大部分苏格兰威士忌更深。

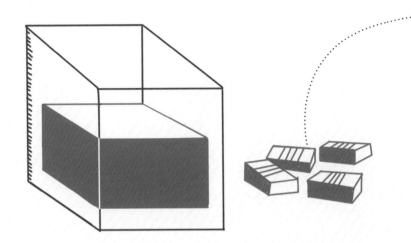

添加焦糖会让威士忌变得甜甜的。不会，长时间的高温加热反而会让焦糖变苦。

名词解析

*新酒：经过蒸馏、从蒸馏器中制得的液体。此时的酒液还未在桶中陈化，不能算作威士忌。

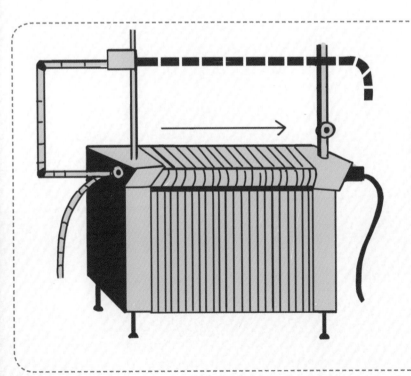

进阶阅读

在装瓶前，大部分威士忌还需经过冷凝过滤：流经一系列的纤维素过滤器。这样一来，酒液中的油脂物质及酒桶的残留物就会被过滤掉，酒体颜色变得更加澄净、有光泽，赏心悦目。但是，如果过滤得太干净，威士忌也会丧失一部分香气。

👉 真的还是假的？

威士忌的陈化会使用旧波特桶

让我来把酒液变得更香醇！

真的。 除了波特桶外，酿酒师还会使用其他酒桶。酒桶在威士忌的酿造中扮演着重要角色，酿酒师往往会尝试使用不同的酒桶。

夸特桶——50升： 夸特桶最初被用于盛放波本威士忌，小巧的尺寸让新酒和木材能够充分反应。但这个桶型并不常用。

波本桶——180升： 美国威士忌陈化时最常用的桶型。陈化完成后，波本桶会被拆卸出口至世界各地。重新组装后的波本桶仍保留着辛辣风味及全新橡木桶的香草气息。

猪头桶——250升： 猪头桶的**桶板**大多为盛放过波本威士忌的酒桶的桶板，再加上几片新旧不一的桶板。苏格兰及爱尔兰酒厂常用这种桶型。

干邑桶——250升至500升： 干邑桶由法国橡木打造。木材通常取自法国彤塞森林或利穆赞森林，质地坚硬，非常适合酒液陈年。盛放干邑时，桶必须是全新的。干邑至少需在桶中存放两年半。盛放过干邑的酒桶会带有浓郁香气，因此成为威士忌酿酒师的心头好。

雪莉桶——480升至520升： 桶身高而窄的雪莉桶来自西班牙安达卢西亚南部的赫雷斯-德拉弗龙特拉城。葡萄栽培为当地的特色产业。使用这种桶型陈化的威士忌带有雪莉酒留下的馥郁香气。

邦穹桶——480升至520升： 自20世纪60年代投入使用，供朗姆酒和雪莉酒陈化。盛放雪莉酒的邦穹桶的桶板以细薄的西班牙橡木制成。

波特派普桶——650升： 两端收窄，桶板厚实，由欧洲橡木制成。这种桶型将首先用于波特酒的陈化，然后再用于威士忌的陈化，前者会赋予后者一抹淡淡的粉色。

进阶阅读

为什么橡木是制作酒桶的首选木材呢？因为橡木坚硬、结实，富含单宁，且易于加工。常用的橡木有三种：无梗花栎、欧洲的夏栎和美洲的白橡。

名词解析

* **桶板：** 组成酒桶壁的橡木片。

真的还是假的? 🌾

优质的威士忌诞生于古老的木桶中。

装瓶后，威士忌还将继续熟成

假的。 把一瓶"优质老酒"存放在酒架上许多年，这毫无意义。在你打开瓶盖之前，这瓶酒不会有任何变化。

黄金法则

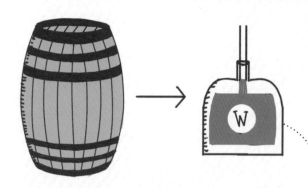

A. 威士忌的年份指的是：**酒液装桶陈化至装瓶之间的这段时间。**为什么这么计算呢？原因很简单。酒液出桶后，就不再会发生变化了。

B. 调和威士忌酒标上的年份，指的是用于调配的所有酒款中**最年轻的一款**的年份，而绝对不是最老的一款的年份。

C. **威士忌的陈化时间至少为 3 年**；波本威士忌的陈化时间则为 2 年。

因此，"这瓶威士忌是 3 年的"，这个信息没有任何意义。不过，**威士忌的年份是没有上限的！**

尊敬的夫人，我千里迢迢来到了您的面前！

威士忌年份越高……

谷香越淡，果香与花香越浓郁醇美。度过了 20 岁生日的威士忌，甚至会散发出热带水果的香气。

抱歉……

威士忌

威士忌

进阶阅读

单一麦芽威士忌获得了巨大成功，也因此受到了负面影响。顾客都喜欢高年份威士忌，国际需求旺盛，可库存不足。于是，威士忌酒厂开始否认"越老越好"这种过去公认的说法。他们挽留忠实顾客的武器变成了 NAS 威士忌，也就是无年份（No Age Statement）威士忌。酒厂开始推广虽然年轻但品质优秀的酒款，让消费者不再追捧高年份的产品。其实在过去，酒厂之所以大力推销部分高年份的威士忌，仅仅是为了处理掉难以入口的产品。这一点或许会让你感到惊讶。

仍存于世的几款老酒

1906
艾斯拉托尔滕

1926
麦卡伦珍稀系列

1937
格兰菲迪珍稀威士忌

1967
亚伯乐 1967

酿造优质威士忌

威士忌图解小百科

👉 真的还是假的?

调和威士忌含有多种威士忌

真的。 调和威士忌含有不同种类的威士忌：年份不同、原料不同（麦芽、谷物）、酒厂不同；调和威士忌甚至还含有中性酒精[1]。

酒标上标了！
怎么知道你喝的是哪一种威士忌？看酒标。酒标必须如实标注相关信息。

单桶威士忌（single cask）
威士忌鄙视链的最顶端：酒瓶里的酒液出自单一橡木桶！它的价格说明了一切。

单一麦芽威士忌（single malt）或单一谷物威士忌（single grain）
酒液出自同一酒厂的不同橡木桶。无论原料是麦芽还是谷物，这种威士忌都保证了酒液风格的独一性。

调和麦芽威士忌（blended malt）或调和谷物威士忌（blended grain）
这种威士忌的酿造原料要么是麦芽，要么是谷物，二者不能混合。但是，酒液可以来自于不同酒厂的橡木桶。

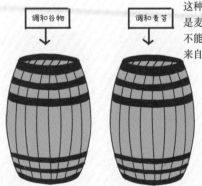

调和威士忌（blend）
调和威士忌的酿造原料可以混合麦芽及谷物，酒液可出自多家酒厂的不同橡木桶，年份自然也可以是不一样的。全球售出的威士忌中，有 90% 都是调和威士忌。其中有物美价廉的产品，也不乏调配大师精心酿造的珍稀之作。

1. 高浓度乙醇，广泛应用于酒精饮料的生产。

1853

妙极了！

1853 年

这一年，苏格兰人**安德鲁·亚瑟二世**（Andrew Usher II）酿造出了第一瓶调和威士忌。他将单一麦芽威士忌与谷物酒混合在了一起。亚瑟二世的父亲也是一名酿酒师，他传续了父亲的研究。他的发现大大提升了威士忌的产量，让威士忌摆脱了麦芽的限制，走出了原产地。

威士忌的国际化要归功于亚瑟二世。亚瑟家族在爱丁堡的居所如今是一家酒吧。

进阶阅读

调配大师把控着调和威士忌的品质。他负责挑选基酒，确保陈年后的威士忌达到预期标准，并调配出具有独特风味的佳酿。

若想胜任这项创造性的工作，必须拥有出色的"鼻子"。

☞ 名词解析

* **调和**：把不同成分混合在一起。

* **调配大师**：负责酿造调和威士忌的大师。

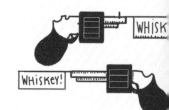

真的还是假的？
WHISKEY 和 WHISKY 指的是
同一种酒

真的。 Whiskey 是爱尔兰和北美地区的拼法，其余地区使用的则是 Whisky。这个现象源起于 19 世纪。

名字的起源

12 世纪，英格兰人入侵爱尔兰，爱上了当地的"生命之水"，盖尔语[1] 是 uisce beatha。或许是喝多了的缘故，英格兰人无法念出这个单词。于是渐渐地，他们把 uisce beatha 演变为 usquebaugh，最后衍生出了 whisky。苏格兰人将"生命之水"称为 uisge beatha——苏格兰盖尔语和爱尔兰盖尔语间的细小差别之一。苏格兰人的民族酒饮与他们邻居的相差无几，而且遭遇了相同命运，被英格兰人改称为"whisky"。

根瘤蚜的错

其实，这种臭名昭著的昆虫并未袭击大麦田。19 世纪末，根瘤蚜肆虐法国葡萄园，致使法国嗜酒者无酒（葡萄酒和干邑）可喝。于是，他们转而饮用另一种酒——威士忌。在此之前，苏格兰人便已借助**埃涅阿斯·科菲**的塔式蒸馏器，提升了威士忌的产量。

苏格兰人在爱喝葡萄酒的邻居中，找到了**新的消费者**。

1. 凯尔特语族盖尔语支的一种语言。

WISKEY

装腔作势。

以后就这么拼……

不要混淆了！

苏格兰人还发明了一种成功的产品：**调和威士忌**。苏格兰的威士忌产量迅速提升，但产品质量也因此开始下滑。威士忌行业的另一巨头爱尔兰不乐意了。爱尔兰人不愿背上"岛上售卖的'生命之水'质量平平"的骂名。为了和苏格兰产的威士忌有所区别，爱尔兰的酒厂开始在拼写上做文章。从那以后，爱尔兰生产的威士忌都拼作 whiskey。美国有大量的爱尔兰移民，因此美国人也沿用了这种拼法。即使在今天，威士忌的标准拼法为 whisky，但爱尔兰及美国生产的威士忌也一定会写作 whiskey。

进阶阅读

1898 年，苏格兰因过量生产威士忌，引发了一场冲击了全行业的经济危机。1887 年，**苏格兰威士忌的贸易日益红火，罗伯特·帕蒂森**（Robert Pattison）**与沃尔特·帕蒂森**（Walter Pattison）两兄弟毫不掩饰渴望从中攫取巨大利益的野心。他们借钱做市场营销，声势浩大，还开设了极为现代的酒厂。两兄弟的生意十分火爆，获得了投资人的信任，也赚取了令人垂涎的财富……然而1898 年，泡沫破裂了。帕蒂森兄弟负债累累，被告上了法庭。直到 1958 年，苏格兰都未再开设新的酒厂。

威士忌的环球之旅

威士忌图解小百科

☞ 真的还是假的？

酒厂可以自行决定酒瓶样式

真的。在这一点上，法律对酒厂没有任何限制。在威士忌的历史中，部分酒瓶还曾因造型优雅新颖而广为人知。品牌若想成功，酒瓶设计是一个至关重要的因素：不但能吸引眼球，还能唤起消费者对美酒香醇口感的记忆。

威士忌酒厂

200 mL 500 mL 700 mL 750 mL 1 L 1.5 L 1.8 L

没有标准

和葡萄酒不一样，**烈酒的瓶子没有统一标准**。威士忌是一种较为昂贵的酒饮，为了提升市场竞争力，许多品牌都推出了迷你酒瓶（50毫升，深受收藏家的欢迎）及扁平酒壶（200毫升）；**500毫升的**小酒瓶可供多人分享；法国的典型**酒瓶为700毫升**，美国的酒瓶则是**750毫升**；在超市中，**1升**装的威士忌，以及**1.5升**和**1.8升**的超大酒瓶越来越常见。酒厂可以根据自己的喜好决定酒瓶形状。最常见的酒瓶形状是圆柱形，也有扁平的圆柱形、又矮又鼓的圆柱形、既细又长的圆柱形等。一瓶上等威士忌，尤其是稀有的威士忌，已是常见的佳节赠品。众多品牌都推出了节日特别装。有彩色的瓶子，也有黑白的瓶子，但里面装的酒液往往与普通装没有区别。

巨型酒瓶

为了庆祝品牌诞生**107周年**，苏格兰的威雀酒厂推出了**2米高**的酒瓶，能装下**228升**酒。

能进！

这酒瓶可进不了酒吧！

威雀

我是杰克。

杰克·丹尼——威士忌先驱

1863 年，杰克·丹尼（Jack Daniel）接管了老板丹·考尔（Dan Call）的威士忌酒厂。丹·考尔是一名牧师，比起酿造威士忌，他更乐意传教布道。**杰克·丹尼**出生于 **1845 年**至 **1850 年**间，接手酒厂时不过是个青少年。他身材矮小，并因此感到自卑。于是总戴着一顶高高的帽子来弥补这个缺陷。他喜欢把鬓角修剪得整整齐齐，蓄着浓密的胡须，仪表堂堂。这位营销天才毫不费力地就在行业中树立了威望。他酿造的不是**波本威士忌**，而是**田纳西威士忌**。田纳西威士忌需使用**枫木制成的木炭**进行过滤。杰克·丹尼十分爱惜品牌形象，他的品牌优势之一在于向当地传统致敬。在他之前，威士忌酒商都未曾注意过这一方面。他开创了一种新的宣传方式。杰克·丹尼让大众印象最为深刻的一点是，他摒弃了圆柱形酒瓶，改用**长方形酒瓶**。1911 年，杰克·丹尼去世，侄子**莱姆·莫特罗**（Lem Motlow）接管了酒厂，令这个本就知名的品牌大放异彩。杰克·丹尼设计的酒瓶样式沿用至今天。如今，长方形酒瓶已经和**杰克·丹尼**的田纳西威士忌密不可分了。

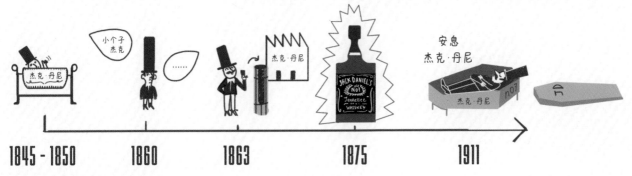

小个子杰克

安息
杰克·丹尼

1845 - 1850   1860   1863   1875   1911

名词解析

*林肯郡处理法：1800 年，阿尔弗雷德·伊顿（Alfred Eaton）发明了这种处理方法。杰克·丹尼的酒厂就位于田纳西州林肯郡。

进阶阅读

在装桶陈年前，酿酒师会把馏出物放在枫木制成的火炭上过滤，这就是**林肯郡处理法**。这种处理方法只存在于林肯郡。火炭能去除酒液中风味最浓重的物质，使田纳西威士忌拥有了区别于波本威士忌的柔和口感。

真的还是假的？
威士忌诞生于苏格兰

苏格兰人会斩钉截铁地告诉你，这是真的。证据，当然是有的，但大多来自古代混乱的传说，确实缺少了一点真实性。但不可否认的是，威士忌的诞生要归功于苏格兰人显赫的祖先——凯尔特人。

布朗尼的证据

在成为全世界人民都爱吃的蛋糕之前，"布朗尼"指代的是苏格兰民谣中的著名精灵，相传是它们把威士忌的配方透露给了人类。苏格兰人的吝啬远近闻名，这个传说印证了这一点。苏格兰人从精灵手中获取了如此实用且有利可图的秘方，作为交换，布朗尼得到的却是为苏格兰人打扫房子、照顾孩子的"机会"，以及每天一品脱的啤酒。这些精灵喜欢恶作剧，酒吧里发生的许多意外事故，人们都认为是它们在捣乱。

战胜了怪兽的白鸽[1]

早在6世纪时，尼斯湖水怪的传说便已存在，令苏格兰高地的居民惶惶不可终日。有一天，一位传教士在水怪面前比画着十字架手势，说出了神圣而庄严的话语，使水怪逃之夭夭。人们把这位传教士称为圣哥伦巴（Saint Columba）。相传，圣哥伦巴除 了在苏格兰宣传基督教，也为该地区带去了威士忌的配方。这位 圣人只有一个缺点，那就是：他生于爱尔兰，来自爱尔兰。

尼斯湖水怪，快离开这里！

好吧，好吧，我走还不行吗？

1. 在法语中，白鸽一词与哥伦巴一词拼写相近。

进阶阅读

威士忌没有具体的诞生日期，甚至连时期也无从知晓。威士忌是在苏格兰诞生的还是在爱尔兰诞生的？这场辩论持续到了今天，或许还将持续很长一段时间。但有一点是肯定的：凯尔特人创造了这种"生命之水"的雏形。12世纪，英格兰人（撒克逊人及诺曼人的后代）入侵凯尔特人的领土。此时，威士忌已十分盛行。英格兰人爱上了威士忌，将它进口至国内并进行管控。在威士忌的推广上，英格兰人做出了巨大贡献，但他们把威士忌的生产工作留给了凯尔特人。

☝ 名词解析

*高地：苏格兰北部的山地地区，拥有众多的湖泊（loch）及深邃峡谷（glen）。

真的还是假的？
威士忌诞生于爱尔兰

爱尔兰

真的！ 爱尔兰人异口同声地回答道。对这个问题有所研究的众多历史学家也支持这个观点。互为对手的爱尔兰与苏格兰地理位置相近，两地传说交织混杂。无论如何，威士忌都是爱尔兰的一张重要名片。

赞美圣帕特里克

圣帕特里克（Saint Patrick）是爱尔兰的主保圣人[1]。人们把许多善行都归功于他，比如驱赶了岛上的蛇。人们自然也会认为，是圣帕特里克将这个巨大的宝藏——威士忌的秘方——带到了爱尔兰。相传 4 世纪时，圣帕特里克出生在布列塔尼。
年少时，他被强盗掠至爱尔兰做奴隶。在爱尔兰期间，他成为虔诚的教徒。后来，圣帕特里克四处宣教布道，最终回到爱尔兰传播福音。人们将太多故事安在了圣帕特里克的身上，他的生平过于丰富多彩，再加上其他一些因素，有历史学家开始质疑这个人是否真的存在过。

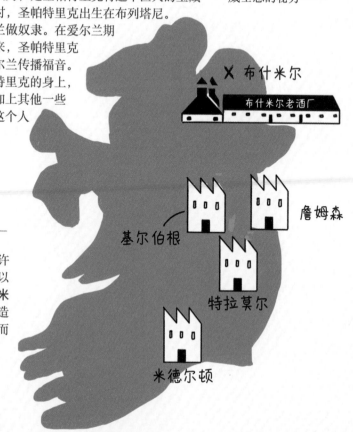

✕ 布什米尔

布什米尔老酒厂

基尔伯根

詹姆森

特拉莫尔

米德尔顿

人们说……

1608 年，布什米尔老酒厂取得了历史上的第一张威士忌酿造许可证，成为第一家获得官方认证的酿酒厂。虽然没有文献可以证明这一点，但这并未动摇布什米尔老酒厂的传奇性。**布什米尔镇**[2]位于爱尔兰最北部，那里的人们早在 12 世纪便开始酿造威士忌。20 世纪上半叶，该地区的威士忌酒厂遍地开花。然而自 1978 年起，便只剩下了布什米尔老酒厂一家仍在经营。

1. 某地区、某职业等的守护圣人。
2. 今属英国北爱尔兰。

过节不准喝威士忌!

3 月 17 日是圣帕特里克节，人们觥筹交错，畅饮威士忌。然而 1841 年是一个例外。在那一年，上千名禁酒运动支持者在富有影响力的神父马修（Father Mathew）的带领下，走上都柏林的街头，混入了节庆的游行队伍中。

进阶阅读

在今天，当人们发现威士忌的起源竟与僧侣、传教士及圣人有关时，可能会感到惊讶。然而，确实是他们把东方古老的蒸馏术带到了西方。在中世纪，他们是少数能够抵达遥远国度的群体。

布什河

布什米尔老酒厂

爱尔兰

名词解析

* 布什米尔镇：镇名取自于流经该地的河流——布什河；"米尔"有"磨坊""磨碎"的意思。

糟了

真的还是假的？
在长达数百年的时间里，酿造威士忌是违法的

这当然是真的，因为政府知晓威士忌酒厂的存在。当时，英国酒厂如雨后春笋般涌现，"生命之水"滋润了民众的嗓子。政府也想从中分一杯羹，用以填补常常干涸的国库。然而，民众并未把法律放在眼里。

那个时候

苏格兰

9 世纪，几个王国合并为苏格兰王国，由**唐纳德二世（Donald II）**出任第一任国王。此后，苏格兰与英格兰长达几个世纪的冲突拉开了序幕。两国分分合合，既经历了结盟，也产生过冲突。苏格兰对本土的传统文化和欧洲文化都产生了深远的影响，而英格兰在不断地向前发展。**17世纪初**，苏格兰国王**詹姆斯六世（James VI）**同时登上了英格兰的王位。两个王国虽然合并，但依然保持相对独立。直到 1707 年，两地通过联合法案，苏格兰人成为**大英帝国**的公民。

爱尔兰

数千年来，爱尔兰一直由凯尔特人统治，他们的部分习俗延续到了 12 世纪。8 世纪，维京人入侵爱尔兰，造成了毁灭性的后果。自 12 世纪起，英格兰便一直垂涎爱尔兰。1494年，英格兰正式确立了在爱尔兰的统治地位，获得了该地法律的制定权。

大事记

1579

苏格兰议会仅允许贵族阶层酿造威士忌。然而，普通百姓也会在家中制造"生命之水"，他们不愿被剥夺自行酿酒的权利。法规没有起到任何实际作用。

1608

布什米尔镇的一家酒厂取得了酿酒许可证，打破了这个局面：大家都能光明正大地酿造威士忌了。但不能随心所欲，需依法生产。

1644

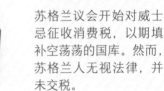

苏格兰议会开始对威士忌征收消费税，以期填补空荡荡的国库。然而，苏格兰人无视法律，并未交税。

1707

苏格兰成为大英帝国的一部分，伦敦派遣**税收员**前往苏格兰视察巡逻。酒厂的经营许可、税务状况及与法律相关的所有方面，都受到了管控。税务机构的工作并并有条，走私组织亦然。非法酒厂大行其道。

1784
1788

议会出台了一系列法规，规范威士忌的生产，降低税费，以鼓励从业者不再从事非法酿造。虽然双方产生了一些分歧，迫使议会对法规进行了数次修改，但最终，目的达到了。

进阶阅读

在苏格兰，每一个人，或者说几乎每一个人都熟知《苏格兰之饮》（Scotch Drink）。这首诗歌颂扬了苏格兰的民族佳酿。作者罗伯特·彭斯（Robert Burns）被誉为"苏格兰最引以为傲的儿子"。他满腔热血地捍卫家乡文化，使人们忘记了他在年轻时犯下的错误——曾在税务机构工作过。1759 年，彭斯出身于一个佃农家庭。农民与诗人是两个大相径庭的职业，但彭斯依然为浪漫主义文学的诞生做出了贡献。在彭斯的**低地苏格兰语**作品的鼓励下，欧洲作家纷纷开始采用逐渐消逝的自家方言进行创作。

☝ 名词解析

* **税收员**：检查税法是否落到实处、税款是否缴纳的人员。

* **低地苏格兰语**：苏格兰南部的低地地区使用的方言。

真的还是假的?

欧洲移民让世界认识了威士忌

真的。欧洲移民在美洲艰苦奋斗,十分励志,遇到了重重困难,只能自我抚慰。他们抛下了家乡的一切,唯独没有抛下威士忌的酿造秘方。美洲土著对威士忌一无所知,欧洲移民在新大陆上迅速地开起了酒厂。欧洲移民,尤其是爱尔兰人,向世界推广普及了威士忌。而且,他们因地制宜,在新大陆上酿造出了这种生命中不可或缺的酒饮。

第一批蒸馏器在哪里吐出烟雾?

对当地情况一无所知,加上交通不便,第一批欧洲移民打消了向美国西部进发的念头,定居在登陆地点附近。因此,他们将第一批酒厂开设在了大西洋沿岸,呈条带状,从纽约(主要的登陆港口)延伸至今天的南卡罗来纳州。后来,威士忌酒厂才渐渐深入美国大陆,开到了肯塔基州及田纳西州。

黑麦威士忌

18世纪末,欧洲移民使用黑麦代替大麦,解决了威士忌酿造中的主要问题——大麦短缺。在华盛顿县(今属宾夕法尼亚州),第一瓶美国威士忌诞生了。人们称之为"莫农加希拉黑麦威士忌",名字取自于流经该地的莫农加希拉河。

为什么爱尔兰人要移民美洲？

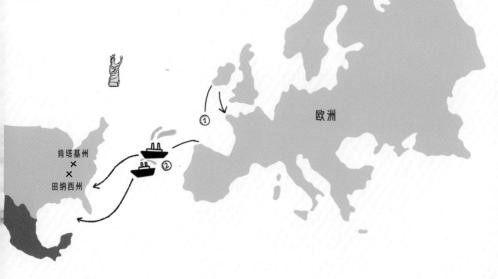

肯塔基州

田纳西州

欧洲

宗教

自 16 世纪起，宗教纷争使欧洲北部的局势动荡不安。新教取得胜利后，信奉天主教的爱尔兰人为了躲避迫害而逃往法国、西班牙及意大利。19 世纪初，航海技术取得进步，欧洲至美洲的航程大大缩短。爱尔兰人纷纷离开欧洲，前往美国讨生活。然而，美国人信奉的也是新教，爱尔兰人在新大陆并不受待见。

大饥荒

奥利弗·克伦威尔[1]（Oliver Cromwell）对爱尔兰进行了暴力镇压，并颁布了《爱尔兰处理法案》[2]。爱尔兰人变得一穷二白，土地与财产全被英格兰人夺去。1845 年至 1851 年，一场大饥荒让爱尔兰人跌入了更黑暗的贫困深渊：病菌入侵，土豆失收。而土豆是爱尔兰人的主要粮食。英格兰人将爱尔兰仅剩的农作物进口至自己国家。地主开始驱赶农民。在这场饥荒中，有 50 万至 100 万爱尔兰人失去了生命，200 万爱尔兰人背井离乡，其中 75% 移居至美洲。这么多的爱尔兰人，足以在美洲推广威士忌，将这门手艺发扬光大了。

咕噜噜

咕噜噜

咕噜噜

妈妈，爸爸，**我饿。**

进阶阅读

朗姆酒

17 世纪，来自英格兰、爱尔兰及苏格兰的第一批移民没有忘记把威士忌的酿造秘方带到美洲。虽然这种"生命之水"在欧洲移民的老家已非常流行，但他们登陆美洲后，并没第一时间着手酿造威士忌。在美洲，产于加勒比海地区的甘蔗是一种更易获取的农作物。因此，欧洲移民首先开始酿造饮用的其实是朗姆酒。

1. 英格兰政治家、军事家，于 17 世纪中期出兵镇压爱尔兰。
2. 克伦威尔授意英格兰议会颁布的法案。法案规定，凡是反抗英格兰军队的爱尔兰起义者都将被处死，并被没收土地与财产。

真的还是假的？
在美国酿造威士忌素来简单

假的。两百多年前的美国人口确实稀少，但并不是荒无人烟之地。美国也有政府。美国政府从不放过任何利润来源，自然也插手了威士忌的生产和销售。美国政府想尽方法对威士忌行业进行监管及征税。在"新大陆"上，酒厂依然要为酿造权而斗争。

我要征税。

1791 年：华盛顿对酒征税

1783 年，英美双方签署合约，美国独立。在漫长的战争后，新成立的美国开始了崛起之路，但国库空虚。第一任总统乔治·华盛顿（George Washington）决定对酒征税，以填补国库，并颁布了相应法案。威士忌生产者对此感到不满，数千人走上匹兹堡街头抗议，并与政府军队发生了冲突。

非法酒厂开始集结

华盛顿的税法一经实施，**非法酿酒商**便开始集结运作。他们的组织形式易于根据禁令而随时暂停、变更。非法酿酒商在夜间偷偷地生产威士忌，私酒贩子把酒瓶装在马靴中贩运。美国南北战争让这种贩运方式迅猛发展。

鲜肉

永远
不兑水[1]！

我要取消
酒税……

1802 年：杰斐逊取消酒税

面对威士忌行业一个世纪以来的反抗，托马斯·杰斐逊（Thomas Jefferson）总统认为，应该取消酒类的生产税及消费税。此后，威士忌行业的生产与销售开始逐渐规范。后来，英国也实施了同样的政策，取得了同样的效果。

进阶阅读

玉米酿造的威士忌与欧洲大麦酿造的威士忌，两者风味截然不同。因此，前者应该拥有一个属于自己的名字。玉米威士忌酿造于肯塔基州，装桶运输至其他州县时，桶上刻有原产地地名：波本县，县治巴黎。美国起义者在法国的支持下，反抗英国王室，最终取得独立。"波本"与"巴黎"这两个地名就是美国人在向法国致敬。此外，波本威士忌的"波本"也源自法国最后一个王朝——波旁王朝。

☝ 名词解析

* 非法酿酒商（Moonshiner）：英国词汇，指代私自酿酒的酒商。"moon"指月亮，"shine"指闪耀，表示酿酒行为于夜间进行。

* 私酒贩子（Bootlegger）：美国词汇，意思是"把酒瓶装在靴子里的人"，指代私自卖酒的人。

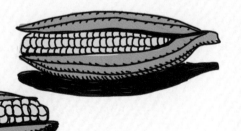

49

1. 双关语，也有"永远正确"的意思。

种不出来！

👉 真的还是假的？

在任何地方都可以酿造威士忌

假的。只有在能种植出谷物的地方，才能酿造威士忌。根据以往的经验，每一种谷物都可用于酿造。但虽说如此，不同谷物酿出的酒液口味也有高下之分。还有一个不可回避的问题，那就是水的质量。水源充沛，水质纯净，才能酿造出优质的威士忌。

水有什么用？

应该这么问："在酿造威士忌的哪一个环节中，水一点用处也没有？"

1 浇灌

水越纯净、越新鲜，谷物生长得越好、越健康，味道越细腻。

2 制麦

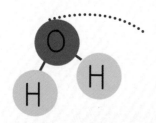

制麦的第一步，**就是把谷物浸泡在水里**，使用的当然是未经污染的水。

3 糖化

向经过发芽处理的谷物加入三道**热水**，以**溶解糖分**。这一道工序将制得含有水分的甜麦芽汁。它将继续经历发酵、蒸馏及陈化这三道工序。

4 稀释

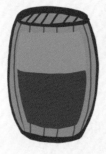

在橡木桶中陈化数年后，威士忌的酒精浓度约为60%，而装瓶时的酒精浓度通常应为40%。为了降低酒精浓度，酿酒师会往威士忌中加入软化水[1]。出桶后未经稀释便装瓶、酒精浓度高得多的威士忌不在此讨论范围内。

1.指碳酸镁和碳酸钙含量低的水。

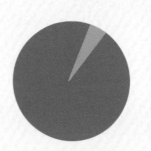

5%

在威士忌风味轮盘中，水的占比为5%。

流经泥炭沼泽的水

在**苏格兰西南边的艾雷岛**上，威士忌爱好者所珍视的泥煤香气贯穿了酿造全过程。那里的水浸透了泥煤，携带着泥煤物质。为了进一步利用这个优势，许多酒厂还会使用**泥煤**来烘干麦芽。

格兰杰的水

格兰杰是一家位于苏格兰东北部的酒厂，保有泰洛希涌泉周围的土地，从中取用酿酒用水。不同寻常的是，那里的泉水流动于**渗透性强的岩石**之上，能够渗入地下，富含**矿物质**。因此，格兰杰威士忌拥有馥郁风味，同时亦具备清香质感。

北海道的水

日本威士忌的好品质离不开当地纯净的水源，尤其是**北海道的一处泉水**。**余市蒸馏所**的用水便取自于此。这处水源为地下水，经泥煤过滤，是酿造威士忌的理想用水。

进阶阅读

最适合酿造威士忌的水是什么水？ 最适合的水来自雨水或雪水：流动于渗透性弱的岩石表面，与地下岩层接触少，矿物质含量少，保有了柔软属性。这种水细腻、稳定，流经之处只包括松林、苔藓等，都是能为威士忌增添风味的元素。

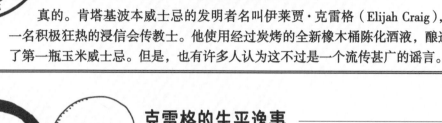

真的还是假的?
肯塔基波本威士忌的发明者
是一位传教士

真的。肯塔基波本威士忌的发明者名叫伊莱贾·克雷格(Elijah Craig),是一名积极狂热的浸信会传教士。他使用经过炭烤的全新橡木桶陈化酒液,酿造出了第一瓶玉米威士忌。但是,也有许多人认为这不过是一个流传甚广的谣言。

阿门

克雷格的生平逸事

1738年,**伊莱贾·克雷格**出生于美国**弗吉尼亚州**,26岁时成为了浸信会教徒。他曾因擅自传道而数次入狱,也曾为了宗教自由而进行政治斗争。1782年,克雷格移居**肯塔基州**,建立了**乔治城**。而后,他在乔治城传教布道,还建立了学校。

欢迎来到乔治城!

肯塔基州

绳缆厂

造纸厂

生意人

克雷格对宗教的狂热并不妨碍他成为一个出色的商人。他开设了**乔治城**的第一批**缩绒厂、谷物磨坊、造纸厂及绳缆厂**。同时,他是乔治城的消防队队长。这些身份使得他成为城中赫赫有名的大人物。

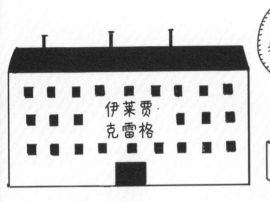

克雷格的传说

18世纪90年代初，伊莱贾·克雷格开办了一家威士忌酒厂，以玉米酿造威士忌。波本威士忌使用肯塔基州的当地特产——经过炭烤的橡木桶——进行陈年，具有非比寻常的淡红色及无可比拟的厚重口感。相传，克雷格是在无意间成为了这种威士忌的首创者：**酒厂意外失火，大火烧着了橡木桶。**

传说的可疑之处

在当时的肯塔基州，还有十几家酿造玉米威士忌的**小型酒厂**。没有任何文献表明，伊莱贾·克雷格的酒厂和其他酒厂有什么不同之处。而且，克雷格不住在**波本县**，而是住在**拉斐特县**。

进阶阅读

伊莱贾·克雷格去世后，仍因威士忌而享有巨大名气。无论他是不是一个天才酿酒师，可以肯定的是，他深谙商业之道，令酿酒厂生意兴旺。创立于1935年的天堂山酒厂曾将一款波本威士忌命名为"伊莱贾·克雷格"。这款威士忌是最受全球爱好者青睐的酒饮之一。因此，这个既是传教士也是商人的男人，成为大家心目中的肯塔基"威士忌之王"。

👆 名词解析

*浸信会：源于17世纪初阿姆斯特丹的一个基督教宗派。成年信徒需浸入水中接受洗礼，因此得名。浸信会教徒于全球各地传教布道，美国的教徒数量尤为庞大。

👆 真的还是假的?
加拿大威士忌源于蒙特利尔

假的。 加拿大威士忌最早出现于安大略省,"幕后推手"是海勒姆·沃克(Hiram Walker)。沃克出生在美国,从事谷物的生产贸易工作。那时的加拿大是一颗冉冉升起的新星,人口日益增多,商机满满。于是,1858 年,沃克决定前往邻国开设酒厂。

你好,加拿大。

那个年代

18 世纪中期,确切地说是 1763 年,英国人从法国人手中夺走了加拿大。19 世纪中期,当**海勒姆·沃克**前往加拿大开设酒厂时,加拿大仍属于大英帝国。美国独立战争取得胜利后,英国在美洲的殖民地便仅剩加拿大了。

沃克的学徒时代

1816 年,海勒姆·沃克出生于**马萨诸塞州的道格拉斯**。他的祖辈来自英格兰,他已是第六代移民。20 多岁时,沃克离开家乡,来到**密歇根州的底特律**,在一家大型杂货店打工。

在那里,沃克揭开了商业世界的秘密。他开始酿造苹果醋,并因此在酿造业中崭露头角。起初,他只在自己的杂货店中售卖苹果醋。随后,他的产品进入了**底特律**及其他地区的众多商铺,大获成功。通过酿造苹果醋,沃克为日后涉足**威士忌**行业打下了基础。

海勒姆商店

食品与杂货

威士忌是我的!

海勒姆苹果果醋

海勒姆·沃克酒厂

哈哈

逃税的骗子

闭嘴

财富之河

1858 年，海勒姆·沃克在底特律开设了自己的第一家威士忌酒厂。然而，美国陆续出台了诸多法律，让酒饮行业的生意非常难做。沃克想出了一个解决办法：跨过底特律河，搬到邻国。底特律河是美国和**加拿大**的界河。一开始，沃克只是把酒厂搬到底特律河的对岸，他依然生活在他热爱的**底特律**，每天过河上班。然而，搭乘渡轮通勤让沃克筋疲力尽，他最终选择定居在加拿大。沃克在河岸旁建立起了**沃克维尔**小镇，供员工居住，并提供教育及医疗等配套设施。在欧洲，许多家长式的工厂主也会这么做。

因祸得福

海勒姆·沃克的威士忌广受好评，惹恼了隔壁邻居——美国的酒厂。为了破坏沃克的生意，美国酒厂说服政府下令，必须在酒标上标明产地。沃克酿造的优质威士忌早已获得俱乐部绅士的青睐，被称为"**俱乐部威士忌**"。他非但没有隐瞒产地，反而决定突出这个元素：将产品名称改为"加拿大俱乐部"。沃克的成功之路没有终止，反而越走越远。后来，从海勒姆·沃克的儿子手中接管酒厂的厂主，也将产品配方与名称保留了下来。

喷……

进阶阅读

沃克的威士忌使用黑麦（经发芽处理及未经发芽处理）、大麦及玉米酿造，在橡木桶中陈化 6 年，色泽深厚。品牌方承诺，产品的配方至今未有丝毫改动。在那个年代，如此长的陈化时间彰显出沃克威士忌的高贵典雅，使之备受"上流社会"饮酒者的青睐。

真的还是假的？
日本威士忌因赶时髦而成功占领市场

何？
什么？

假的。日本威士忌享誉全球，离不开酿酒业先驱竹鹤政孝（Masataka Taketsuru）的辛勤努力。20 世纪初，竹鹤政孝赴苏格兰深造，以期揭开苏格兰民族酒饮的神秘面纱。随后，他回到日本定居。他和自己打了一个赢面不大的赌：在亚洲制造出这种西方特饮，并让亚洲人接受它的味道。他成功了。

家族传统

竹鹤政孝投身于烈酒行业，并不因为一时的头脑发热。他的家族自 1733 年便开始酿造清酒。1894 年，竹鹤政孝出生于广岛市附近的竹原市。为了继承家业，他学习了有机化学。他原本的人生规划是：接管家族企业，改良酒饮生产。

格拉斯哥
日本

探索苏格兰

然而，竹鹤政孝的未来规划被打乱了。他在求学期间接触了威士忌，爱上了这种酒饮。后来，他入职大阪的摄津酒造。这家酒厂计划开拓威士忌产品线，将年轻的竹鹤政孝派往格拉斯哥，让他在化学领域继续深造，学习当地酒厂的酿制技艺。在格拉斯哥期间，竹鹤政孝潜心治学，恪守酒厂的每一道工序，成为了真正的威士忌专家。

震惊！

一个苏格兰女人和一个日本男人走到了一起，这在1920年相当罕见，有伤风化。竹鹤政孝在苏格兰求学期间，租住在丽塔（Rita）家中。两个年轻人被彼此深深吸引。即使障碍重重，也无法阻止他们相爱。丽塔和竹鹤政孝无视双方家人的反对，一起来到了日本。而后，两人联手带领一甲酒厂走向了成功。

靠别人不如靠自己

和丽塔从苏格兰回到日本后，竹鹤政孝遭遇了严重打击：摄津酒造放弃了生产威士忌的计划。于是，竹鹤政孝离开了摄津酒造，入职寿屋饮料公司。在寿屋期间，他和鸟井信治郎一起创建了山崎酒厂，即三得利的前身。山崎酒厂出产的酒饮广获好评。借此，竹鹤政孝在酒业中站稳了脚跟，前途光明。1934年，竹鹤政孝离开山崎，去追逐梦想——建立自己的酒厂。他将酒厂开设在北海道的余市附近。1952年，大日本果汁股份有限公司[1]更名为一甲，从此名声大噪。

姗姗来迟的致敬

欧洲遗忘了丽塔，但日本没有，虽然日本人对丽塔的到来也不甚热情。20世纪80年代，一甲的员工到访了苏格兰的一座小城市——柯金蒂洛赫，这里是勇敢的丽塔的家乡。此行引发了社会关注。此后，柯金蒂洛赫与余市（日本第一家威士忌酒厂仍屹立于此）的交流日益增多。1988年，两座城市结为友好城市。

进阶阅读

在为酒厂选址前，竹鹤政孝仔细研究过日本地理。北海道海风呼啸，海雾绵绵，气候状况与苏格兰相近。而且，这里还有一个好处：菱刈泥炭沼泽就位于余市附近。

1. 一甲酒厂的前身，由竹鹤政孝于1936年创立，最初的产品为苹果汁。

威士忌的环球之旅
威士忌图解小百科

☝ 真的还是假的？
法国有超过 50 家威士忌酒厂

法国

真的。自 21 世纪起，法国威士忌迅速获得了酒饮生产商和爱好者的青睐。20 世纪 80 年代，威士忌兴起于布列塔尼地区。如今，这股浪潮席卷了法国本土全境。就连加勒比海区域[1]也出现了威士忌酒厂。

布列塔尼

布列塔尼盛产威士忌，这在情理之中。毕竟，布列塔尼人的祖先是**凯尔特人**，而凯尔特是首先使用大麦麦芽酿造威士忌的民族。布列塔尼从未自称是威士忌的发源地。威士忌起源于英国，由凯尔特民族的其他分支创造，与欧洲大陆的布列塔尼人并无干系。**20 世纪 80 年代**，布列塔尼人初涉威士忌酿造领域时，不得不对基本的酿造方法进行试验，产量并不高。**布列塔尼威士忌**的广告时常会提及凯尔特人的血统渊源，以标榜产品的**正统与传承**。

1. 法国除欧洲领土外，还拥有五个海外省。其中，马提尼克、瓜德罗普及法属圭亚那均位于加勒比海沿岸。
2. 法国人将白兰地称为他们的"生命之水"。
3. 干邑是夏朗德省的一个地名，这里指干邑产区生产的白兰地。

夏朗德

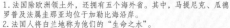

自**中世纪**起，该地区的葡萄酒便会出口至国外。16 世纪，荷兰人开始使用夏朗德省的葡萄酒蒸馏**白兰地**。18 世纪，**夏朗德省**的人们酿造出了一种不易变质的"生命之水"[2]，出口量随之增加。19 世纪，干邑[3]风靡欧洲的上流社交场所，直到 19 世纪末，**根瘤蚜**虫害暴发。虫害过后，夏朗德省的葡萄酒厂重振旗鼓，东山再起。然而没过多久，威士忌便加入了酒业的竞争，并赢得了胜利。

更讽刺的是，盛放过**干邑**的老酒桶是最适合威士忌陈化的酒桶之一。从那以后，**夏朗德省**的人们便开始酿造威士忌，但口碑比不上老祖宗的白兰地。

夏朗德省

北部

北部 - 加来海峡大区

法国北部没有世界知名的威士忌酒厂，但这里有着上千年的啤酒酿造历史。因此，北部人民对制麦及糖化了如指掌。而后，他们又在此基础之上，掌握了酿造**金酒**的技能。金酒曾在法国北部大受欢迎。可是后来，在失业潮的冲击下，北部人民收入下滑，当地特色酒饮失去了顾客群。相较于金酒，威士忌更为时兴。全靠威士忌，北部酒厂才得以继续经营。

斯特拉斯堡

阿尔萨斯

阿尔萨斯的美食美酒早已名声在外！在阿尔萨斯，我们能够品味佳酿，享受以本土食材烹制而成的美馔，并以口味绝佳的"生命之水"或利口酒搭配佳肴。**阿尔萨斯**不缺酿酒技术，也不缺酒厂；阿尔萨斯的餐饮商家也总以饱满的热情，迎接来自各地的酒饮爱好者。仅在聚餐的尾声才**喝一小口威士忌，这早已成为过去；许多专业酒厂都开始生产威士忌**，反响不错。

阿列省

多姆山省

康塔尔省　上卢瓦尔省

奥弗涅与阿尔卑斯

2001 年，**奥弗涅地区**开设了一家酒厂，这有些出人意料。而后，**阿尔卑斯地区**也开张了酒厂。这两个地区有什么不合适的呢？这里的谷物在田野中生长，远离集约耕作及城市污染；这里是水源地，水质清澈，纯净无瑕。大型酒厂的生产速度越来越快，而山中的酒厂与法国乡下及海边的大部分酒厂一样，打的是真情牌。虽然生产用时久，但产品质量优。

进阶阅读

有一种威士忌会经过**"双桶熟成"**，而这第二次熟成在法国完成。这些威士忌生产并首次陈化于**苏格兰**，后出口至法国，在曾用于盛放优质葡萄酒的酒桶中再次陈化。经历了这道精细工序的威士忌被称誉为**顶级威士忌**。

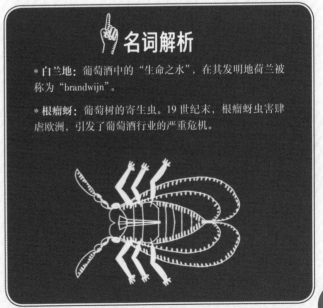

名词解析

***白兰地**：葡萄酒中的"生命之水"，在其发明地荷兰被称为 "brandwijn"。

***根瘤蚜**：葡萄树的寄生虫。19 世纪末，根瘤蚜虫害肆虐欧洲，引发了葡萄酒行业的严重危机。

59

真的还是假的?
法国的威士忌风潮兴起于
20 世纪 60 年代

你们这群小牛犊![1]

真的。法国"二战"解放后,英国人及美国人(尤其是美国人)将"生命之水"带到了法国。那时,几乎没有法国人喝过这种香气扑鼻、能够扫去战争阴霾的酒饮。法国人渐渐地爱上了威士忌,并开发出了一种不同于英国盟友的喝法:开胃酒。20 世纪 60 年代,威士忌作为**开胃酒**,在法国普及开来。法国人对**苏格兰威士忌**的偏好毋庸置疑。

法式喝法

20 世纪 50 年代,由解放了**法国的英国人及美国人**带来的威士忌享有巨大光环。但是,一瓶威士忌的平均价格相当于工人一周的薪水,只有中产阶级才喝得起。直到 20 世纪 80 年代,威士忌进入大型超市,价格明显走低,平民百姓才开始饮用威士忌。从此,威士忌成为必备的开胃酒酒款。无论是英国人还是美国人,都不把威士忌当作开胃酒饮用:要么在家里喝,要么在酒吧喝;要么配餐,要么餐后饮用。法国人还有一种固有观念,那就是往威士忌中**加水**是对威士忌的亵渎。但其他国家的人们都是这么喝的。其实,威士忌和干邑一样,在酿造时就被设计为"可兑水饮用"。

独价商场[2]

法国特色: 开胃酒

法兰西人当然不是唯一喝**开胃酒**的民族。有的法国人喜欢在午餐前喝杯开胃酒,但如今大多数人会选择在晚餐前来一杯。法国人也不是唯一会把开胃酒带上**晚餐餐桌**的民族。过去,我们会把客人请到咖啡馆喝开胃酒,因为家中没有藏酒。19 世纪中期,开胃酒的风潮越刮越烈,并于"二战"后演变为了一种饮食习惯。很快,老百姓就开始根据时兴的开胃酒,将必要的酒款买回家中。酒馆中的威士忌的零售价格居高不下,因此,每家每户的橱柜中都储存着一瓶**威士忌**。如今,以威士忌礼待客人,仍是一种**优雅且具有异国情调**的行为。

来点儿威士忌?

好呀。

1.法国政治家、军事家戴高乐在"二战"期间的名言,他称"法国人都是小牛犊",用以讽刺法国人在战争中的懦弱与麻木。
2.由巴黎春天百货公司的老板于 1931 年创立,低价售卖日常用品。

这些开胃酒，你还记得吗……

瓦贝　　阿韦兹　　巴赫提索　　比赫　　杜本内

苏士　　圣拉斐尔　　诺瓦丽普拉　　皮康　　吉诺雷

进阶阅读

在威士忌之前，法国人都喝什么开胃酒？ 为了打开胃口，法国人喜欢饮用以金鸡纳树皮或植物为主要成分的酒饮，通常还会加入葡萄酒。这样的开胃酒不仅味道好，而且具有如药物一般的功效。有的地区偏好哈塔菲亚（Ratafia）果子酒。这是一种甜葡萄酒与经过特殊处理的酒精混合物。加入大量清水稀释的茴香酒是法国南部特产，广受欢迎。茴香酒在 20 世纪 30 年代是当之无愧的开胃酒之王。但如今，曾永不过时的茴香酒也不得不努力奋斗，才能保住自己的位置。

☝ 名词解析

* 开胃酒（Apéritif）：源于拉丁语词汇 aparire，意思是"打开"。饮用开胃酒的首要目的就是打开胃口。

* 苏格兰威士忌（Scotch）：这个词指代的是来自苏格兰的威士忌，有时也指未注明产地的威士忌；与此相对的是"波本威士忌"，泛指美国威士忌。

真的还是假的？
南非也有威士忌酒厂

真的。詹姆斯·塞奇威克酿酒厂创立于 1886 年，是南非最古老的酒厂，如今仍在经营。今天，即使在世界最偏僻、最意想不到的角落，也能找到威士忌酿酒厂。这些酒厂面向的主要是当地市场。若不亲自前往酒厂所在地，便难有机会品鉴他们的产品，除非有大型烈酒集团将他们收购。

詹姆斯·塞奇威克酒厂

贝恩斯克鲁夫

规模小，声望高

位于世界尽头的酿酒厂不是国际酒业集团的对手，但他们胜在真诚。酒厂位于**荒无人烟之地**，让人不禁把他们的产品与天然纯净、香气丰富等词汇联系在一起。比如詹姆斯·塞奇威克酒厂就位于南非**贝恩斯克鲁夫**的群山之中。那里工作着一群威士忌爱好者，他们掌握了凯尔特酿酒大师的古老技术。这些初出茅庐的酿酒厂深谙因地制宜之道。举个例子，斯堪的纳维亚半岛上的酿酒厂精心酿制了带有植物香气的爽口威士忌，是鱼类菜肴的绝佳配酒。

南非

噶玛兰酒厂

中国台湾

中国台湾

威士忌的亚洲市场有利可图！中国台湾的金车集团是食品行业巨头，涉足的业务领域众多，其中包括快餐店。金车集团将赌注下在了酿造要求严苛的威士忌上，并不惜血本地开设了**噶玛兰酒厂**。酿酒大师**吉姆·斯旺**（Jim Swan）是噶玛兰团队的元老，于 2006 年酿造出了第一款威士忌。2008 年，这款威士忌进入市场，为噶玛兰酒厂斩获了无数奖项。虽然噶玛兰的威士忌并非来自传统产地，但也获利颇丰，享誉业界。

新西兰和澳大利亚

早期的盎格鲁-撒克逊移民在美国迅速推广了**威士忌**，并就地取材，对威士忌配方加以改良。**澳大利亚和新西兰**也居住着大量的盎格鲁-撒克逊人，他们为什么没有做出同样的事情呢？除去沙漠地区，这两个国家并不缺少种植谷物的地方，也不缺少酿造威士忌所需的水源。但是直到**20世纪90年代**，威士忌才开始兴起。察觉到威士忌浪潮后，政府出台了相关法律，收紧了原本宽松的酒精贸易。

斯堪的纳维亚

斯堪的纳维亚人会用北欧特有的草本植物及浆果酿酒，在酿制风味浓郁的酒饮及利口酒方面可谓驾轻就熟。然而，他们近年来推出的**威士忌**却保有了清爽口感。瑞典酒厂效仿苏格兰酒厂的酿造方法，并加以创新，取得了巨大成功。

皂石是一款来自斯堪的纳维亚的产品，俘获了无数拒绝往威士忌中兑水的法国嗜酒人士。皂石可以为威士忌降温，但却不会稀释酒液。

进阶阅读

如今，人们不仅会在家里喝威士忌，也会以威士忌作为礼品，相互赠送。无论收礼者是威士忌爱好者还是好奇心旺盛之人，若送礼人没有选择对方喜欢的牌子，那一定会力求让对方感到惊喜。在佳节将近之时，人们便会收到包装精美，甚至奢华的礼盒。外包装往往比酒本身更重要。酒饮的原产地也是制造惊喜、令收礼人喜不自禁的重要元素。如今，人们对于日本的威士忌已经司空见惯，极北地区、极南地区、亚洲其他地区或热带国家的威士忌倒是不错的选择，但得精心挑选一番。专业烈酒商知道有这么一类热衷于追寻稀有佳酿的顾客群体，他们已开始寻找上游酒厂了。

1. 来自丹麦及挪威的一个词语，意思是舒适、惬意、满足。

☞ 名词解析

* **皂石**：一种柔软的、易于加工的岩石，近百年来主要开采于瑞典。

威士忌的环球之旅
威士忌图解小百科

真的还是假的？
爱尔兰的老酒厂都合并了

门票 5 欧元

真的。英格兰对爱尔兰酒厂施加的税收政策及管控政策，严重打击了当地威士忌的生产与贸易。爱尔兰岛垂头丧气地掀开了 20 世纪的篇章。20 世纪 60 年代，酒厂纷纷合并，从而免于倒闭。若想追溯爱尔兰威士忌的历史，可参观岛上的博物馆和酿酒厂。但如今，已鲜有酒厂仍在经营。

16 世纪

噢不！

不！

完了！

布什米尔老酒厂

强力镇压

英女王伊丽莎白一世向爱尔兰酒厂施加了第一道税。与此同时，布什米尔老酒厂获得了有史以来第一张官方酿酒许可证。

1661 年，政府提高税率。于是，人们开始大规模地私酿威士忌。100 年后，英国君主将执法严苛的税收员派往爱尔兰。

17 世纪

噢不！

未熟成烈酒

三年

20 世纪

去吧。

爱尔兰

快！

快把私酿藏起来！

私酿威士忌

1915 年，《未熟成烈酒法》出台，对爱尔兰酒厂造成了致命一击。法案规定，酒液必须陈化 3 年，才能获得酒标。小酒厂根本承受不起这么长的熟成时间。美国的**禁酒令**也让爱尔兰酒厂损失了一大部分顾客。许多酒厂只能关门歇业。

爱尔兰制酒公司

鲍尔酒厂 + 詹姆森酒厂 + 科克酒厂

为了生存，必须结盟

"二战"后，爱尔兰共和国为数不多的酒厂还能继续经营吗？苏格兰威士忌一统江山，爱尔兰威士忌不复往日荣光。1972 年，詹姆森酒厂、科克酒厂和鲍尔酒厂决定合并，成立爱尔兰制酒公司。合并策略使这些酒厂绝处逢生，他们在科克附近的米德尔顿重启生产，建造了世界上最现代化的酒厂之一。酒厂旧址则改造为博物馆。1987 年，库里酒厂诞生。这家酒厂一改爱尔兰威士忌三次蒸馏的传统，只进行二次蒸馏。在北爱尔兰，古老的布什米尔老酒厂仍在经营。

为什么爱尔兰威士忌口感轻盈，果香浓郁？

大麦——包括发芽大麦及未经发芽处理的大麦——是爱尔兰威士忌主要的，甚至唯一的原料。大麦能为威士忌增添红色水果及热带水果的香气。

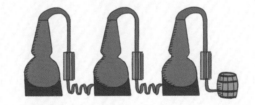

三次蒸馏能将酒尾分离出来，留待下一次蒸馏。无论是珍贵的酒心还是酒头，口感都相当丰富，令新酒带有**浓郁果香**。

爱尔兰酒厂使用的蒸馏器比苏格兰酒厂的大得多（最大为 6 倍），令酒液拥有了"轻盈"口感。原因在于，蒸馏时，只有最易挥发的物质才能到达天鹅颈的顶端。

6X

爱尔兰虽有泥煤资源，但几乎没有酒厂会用**泥煤烘干麦芽**。因此，爱尔兰威士忌不会带有泥煤的苦味。

进阶阅读

爱尔兰酒厂虽不像苏格兰酒厂一样酿造调和威士忌，但他们会兑和[1]酒液：将单一麦芽威士忌、单一壶式蒸馏威士忌与谷物酒，尤其是玉米酒兑和在一起。爱尔兰酒厂酿造的兑和酒口味独树一帜。

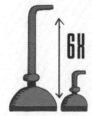

名词解析

* **私酿威士忌**：非法酿造的威士忌。

* **爱尔兰共和国**：占据了爱尔兰岛南部的大片区域，于 1922 年独立。

* **新酒**：威士忌的雏形，第三次蒸馏的产物，酒精浓度约为 85%。

* **单一壶式蒸馏威士忌**：酿造原料包括发芽大麦及未经发芽处理的大麦，使用夏朗德壶式蒸馏器蒸馏。

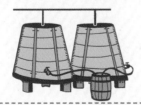

1. "调和"多指将不同酒厂的酒液混合在一起，而"兑和"则是将同一酒厂的酒液混合在一起。

斯佩塞

真的还是假的？
斯佩塞因优质大麦而闻名

假的，这个地方其实因水质而闻名。斯佩塞[1]拥有相对温和的气候，那里的大麦惬意地生长在肥沃的土壤里。不过，大量的河流与水道才是该地区数百年来的真正优势。当地酒厂的用水均取自这些河川。斯佩塞北部临海，重峦叠嶂。苏格兰的一百多家酒厂中，超过 1/3 都坐落在这处小天堂里。

斯佩塞

苏格兰

哎哟！

你行你去

斯佩塞地处斯特拉斯佩地区，位于苏格兰东部。即使在今天，前往斯佩塞也不是一件容易的事情。那里的道路蜿蜒狭窄。一路上要跨过逶迤的河流，穿过茂密的森林。**苏格兰高地**群山环抱，人烟稀少。登上山顶远眺，北海浪花拍打着莫雷湾贫瘠的海岸。芬德霍恩河与德弗伦河勾勒出斯佩塞地区的边界，斯佩河从中奔流而过。支流菲迪河、利威河与**艾文河**的汇入使斯佩河更为壮阔，还有无数的小溪流汇入其中。浩浩荡荡，奔流不息！酿酒厂便是从这些河流中取水的。连绵的群山使酒厂免受狂风之苦，亦隔绝了窥视的目光。如此崎岖的地貌令税收员望而却步。英格兰出台了苛刻的税收政策后，苏格兰人纷纷开始私酿威士忌。而**斯佩塞**则成为了私酿酒厂频频光顾的避难所。

苏格兰威士忌之乡

低地地区

苏格兰低地与英格兰接壤，气候温和，利于威士忌酿造，曾有大量酒厂。19 世纪末，低地地区的酒厂仅剩 20 家，如今只剩下 2 家，一家在**格拉斯哥**附近，一家在爱丁堡附近。**苏格兰低地威士忌**口感干冽清爽。

坎贝尔敦

坎贝尔敦位于高地西部的琴泰岬半岛。这座城市曾是威士忌之都，设有 30 家酒厂。如今只剩下 2 家，均创立于 19 世纪初。云**顶酒厂**规模最大，支撑着具有历史意义的**格兰帝酒厂**。1929 年，股市暴跌，格兰帝酒厂的所有者之一投湖自尽。据说其阴魂不散，如今仍在酒厂萦绕不休。

高地地区

坎贝尔敦

低地地区

1. 位于苏格兰东北部，是苏格兰高地威士忌的重要产区。

艾雷岛

在这座位于**坎贝尔敦西边**的小小岛屿上，就集中了8家酒厂。艾雷岛威士忌的风味独一无二，享誉世界。岛上的海雾令谷物湿润，且泥炭沼泽资源丰富。使用泥煤烘干大麦，是艾雷岛酒厂的传统。

高地地区

除了广受好评的**斯佩塞**，高地广阔的北部地区亦是威士忌的摇篮。这里的每家酒厂都恪守传统工艺，酿造的威士忌品质上乘。栖身于北部沿海地区的酒厂生产出的威士忌带有轻微咸味，非同一般。

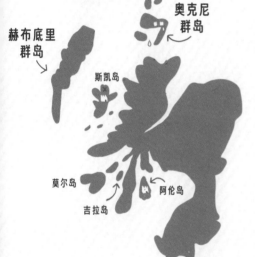

苏格兰群岛

苏格兰周围环绕着多座岛屿，岛上的人们也开设了酒厂，向民族酒饮致以敬意。从南至北分别是**阿伦岛**和**吉拉岛**、**莫尔岛**、最大的**斯凯岛**，然后是最北的**奥克尼群岛**。奥克尼群岛的气候非常恶劣，草木不生，但依然有勇士在那里开设了两家酒厂。

进阶阅读

1784年颁布的《**酒醪法**》规定，酒税征收将以用于发酵的酒醪量为依据，而不再以蒸馏器的容积为依据。这个法案降低了酒税，也降低了威士忌的价格。该法案适用于**低地地区**的酒厂。法案实施后，低地酒厂将生产规模扩大至英格兰。金酒酿造者（英格兰人）对涌入的竞争者表达了强烈的不满。**1786年**，英国王室颁布了《**苏格兰威士忌酒厂法**》，对出口至英格兰的酒精产品征收重税，终结了**低地酒厂**的扩张。

☝ 名词解析

* 酒醪：麦芽汁发酵后所得，将被用于蒸馏。

67

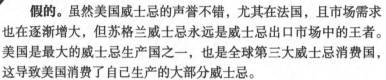

真的还是假的?
美国是最大的威士忌出口国

假的。 虽然美国威士忌的声誉不错，尤其在法国，且市场需求也在逐渐增大，但苏格兰威士忌永远是威士忌出口市场中的王者。美国是最大的威士忌生产国之一，也是全球第三大威士忌消费国，这导致美国消费了自己生产的大部分威士忌。

51%

不只是波本

自 18 世纪以来，美国人充分调动了想象力，以期酿造出与欧洲祖先的**"生命之水"**近似的酒精饮料。他们创造了多种与当地气候条件相适宜的酿造配方。

肯塔基波本威士忌

纯波本威士忌[1]的玉米含量需达到 **51%**。通常而言，**发芽大麦**并不在衬托明星谷物[2]的小谷物之列。而且，纯波本威士忌也不会使用泥煤。这种威士忌陈年于全新的、经过炭烤的木桶之中，以激发出酒液的木质香气。**单桶**波本威士忌的酒液出自单一酒桶，**小批次**波本威士忌的酒液则来自多个酒桶。**波本威士忌**源起于**肯塔基州**，如今在全美均有酿造。

田纳西威士忌

田纳西威士忌仅进行**一次蒸馏**，需在厚厚的枫木木炭上进行过滤。杰克·丹尼完善了田纳西威士忌的酿造工序。他的威士忌是同类产品中的佼佼者。

新英格兰的黑麦威士忌

来自荷兰和德国的早期移民使用**黑麦**酿造出了威士忌。这种酿造方式流行于美国北部及加拿大，直到禁酒令使众多酒厂关门停业。

1. 陈化时间不少于 2 年的波本威士忌。
2. 此处指玉米。

超酷的微型酿酒厂

越来越多的美国人也开始追求天然产品及自然口感。因此，**微型酿酒厂逐渐兴起**。这类酒厂的卖点包括：**谷物未使用杀虫剂**；不使用**转基因产品**；用水未经**污染**；在酿造过程中尊重时间的力量；推崇手工技艺。部分微型酿酒厂推出了单一麦芽威士忌，向苏格兰酿酒先驱致以敬意。

忠于祖国

约 **10%** 的美国人口是**爱尔兰裔**，这或许解释了为什么美国是**爱尔兰威士忌**的最大进口国。

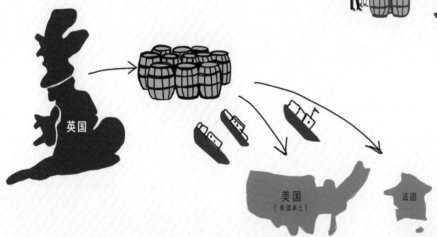

遥遥领先的苏格兰

苏格兰每年出口的威士忌达 5 亿瓶。英国脱欧后，英镑贬值，使得苏格兰威士忌的需求量大大增加。

法国和美国是苏格兰威士忌的最大进口国。

进阶阅读

美国生产的威士忌与波本威士忌在法国拥有良好声誉。近年来，法国威士忌也横渡大西洋，打入了美国市场！法国威士忌取得的小小成功，要归功于法国葡萄酒与烈酒的出色口碑，以及法国干邑的非凡品质。大家对法国制造的日常用品的质量有着十足信心。

☝ 名词解析

* 小谷物：指酿造波本威士忌时，除玉米外的其他谷物原料（小麦、燕麦、黑麦）。这些谷物之所以被称为"小谷物"，是因为它们在原料中的占比小。

威士忌的环球之旅

威士忌图解小百科

真的还是假的？
印度是最大的威士忌消费国

真的。印度的威士忌消费量甚至排在法国前面，要知道，法国可是拥有数以百万计的威士忌爱好者。不过，这个说法也可以说是假的。因为印度人消费的是他们本国产品。按照国际标准，印度生产的"威士忌"并不算是威士忌。

给您的茶里加点儿威士忌？

嗯，好的。

好的，倒一点儿吧。

承袭的传统

印度没有**饮酒传统**，也没有威士忌酒厂。是**英国殖民者**让印度人认识并爱上了威士忌。英国人还强制印度人在宴宾待客、政治外交会晤及饮食等方面采用英国的礼仪习俗。**1948年**，英国人离开后，他们的部分习俗被保留了下来。威士忌在印度兴起的时间，比在法国及许多非英语国家都早得多。但没有什么人知道这一点。

不！我们只要阿穆特的威士忌！

不守规矩

印度的威士忌产量甚至高于苏格兰的威士忌出口量，但印度几乎不出口自己的威士忌，因为这些威士忌往往会**被拒绝入境**。除了**阿穆特酒厂**严格遵守了苏格兰的规定外，其他印度酒厂都不太守规矩。此处的规矩指的不是酿造程序的细节，而是基本原则。在印度，酒标上赫然标注着"威士忌"的产品，其实是以**糖蜜**[1]为原料，再兑入少许**谷物威士忌**酿制而成的。

1. 制糖工业的副产品，价格低廉。

印度的反击

欧洲大部分国家都遵守着苏格兰制定的酿造规矩。**印度生产的、酒标标记为"威士忌"的产品**，并不符合苏格兰的规定，因此被诸多国家拒之门外。印度政府若想出口自家产品，可以要求酿酒厂遵守规矩。然而，印度选择了更为简单的反击方式：**对境外威士忌征收高得离谱的关税，以阻止外国产品进入印度领土**。烈酒贸易批发商对此大为光火，他们本指望能从这个人口超10亿的市场中谋取巨大利益。

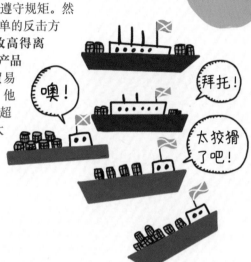

印度

哈哈！

没戏了吧。

噢！

拜托！

太狡猾了吧！

1950

1958

进阶阅读

威士忌**陈化**时，部分酒液会蒸发。这个部分有一个美丽的名称，叫作"**天使的分享**"。法国威士忌的天使份额大约为酒液的 2%。印度的气温可高达 45 摄氏度以上，蒸发现象在高温下尤为显著。在印度，将威士忌放入桶中陈化 8 年，天使就能偷偷喝掉 1/4 的酒液。幸运的是在这里，陈化工序进行得也更加快速。陈化 8 年的威士忌已可供高年份佳酿爱好者品鉴。

酌饮威士忌

威士忌图解小百科

真的还是假的？
消费者可从酒标上获取大量信息

真的。这其实就是酒标的目的，也是酒标的义务。仅仅注明原产地还不足够，来自同一原产地的威士忌，味道也许天差地别。懂得解析酒标的人，往往能从酒标上读出更多有用的信息。

重中之重！

名字

谁的名字？是酒厂的名字还是品牌的名字？或许还得查找一番才能得到答案。**名字通常以粗体出现在酒标正中间，字体考究，以突显产品特征。**虽然名字提供不了太多信息，但如果招人喜欢，便能有效地吸引消费者。

原产地

原产地指的通常是生产国，有时也会是地区。法律规定了部分产地术语的使用，比如只有在苏格兰酿造并陈化至少 3 年的"生命之水"，才能标注为"苏格兰威士忌"。

酒瓶容量

欧洲的标准酒瓶为 700 毫升；美国的酒瓶为 750 毫升。也有更小或更大的酒瓶。容量通常会标注在瓶身上。

酒精浓度

酒精浓度达到 40% 的酒液才能被称为威士忌，也就是 40% 的乙醇和 60% 的水。部分威士忌的酒精浓度为 43% 或 46%。在美国，酒精浓度以单词 proof 表示。浓度 100% 的酒精为 200 proof。

更多细节

年龄

酒标上的年龄信息能够告诉你，用于调配的酒款中最年轻一款的年份。酒液中或许含有年份更高的酒款，但肯定不含年份更低的酒款。威士忌的年龄指的是从入桶陈化至装瓶之间的时间。从装瓶时起，酒液将不再继续熟成。

种类

这瓶威士忌是 single malt（单一麦芽威士忌，酿造原料仅为发芽大麦）、single grain（单一谷物威士忌，酿造原料仅为谷物，酒液出自同一酒厂）、*blend*（调和威士忌，原料混合了麦芽及谷物，酒液可出自不同酒厂），还是其他类型，看一看种类信息就能知道。

酿造地

酿造地共有三处：distilled（蒸馏地）、matured（陈化地）及 bottled（装瓶地）。如果接在单词 by（为）后面的只有一个名字，那么这很可能是品牌或批发商的名字。若是这种情况，这瓶酒的三道工序大概率是在三个不同的地方完成的。相反，如果酒标上出现了 distiller（酒厂）这个词，且后面跟着酒厂的名字，那么你就可以确定，这瓶酒的所有酿造工序都是由一家酒厂完成的。但这不意味着这瓶酒一定是手工酿造的。

深入了解

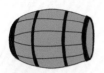

（桶强）标识

桶强指的是以**原桶**的酒精强度装瓶的威士忌，未经冷凝过滤，未经稀释。这种威士忌的酒精浓度往往更高一些，有时会比 **40%** 还高得多。不过，高酒精浓度并不会削弱酒液的香气，反而会令香气更为浓郁。

熟成

看到 butt（桶）这个词，就能知道木桶类型。知道了威士忌陈化于何种桶中，陈年时四周环绕的是何种木材，我们便能大致了解这款威士忌具有什么样的风味。

蒸馏

入桶陈化的日期揭示了这瓶威士忌是否拥有好年份。然而，这则信息只对熟悉酒厂历史的专家有用。原因在于，在"地区"层面上，威士忌的年份并没有好坏之分。这一点与葡萄酒不一样。

没用的信息！

酒标上吹嘘产品年份为 3 年？3 年是威士忌的法定最低年限。

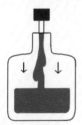

酒标上标注了装瓶日期？自装瓶的那一刻起，酒液就停止熟成了，这则信息毫无用处。

酒标上出现了 pure malt（纯麦）的标识？唉，这种说法是被禁止的，无法保证任何事情。

这些信息可能有用！

* 酒标上标注了 natural colour（天然颜色）？这可是一则好消息，说明这瓶威士忌的颜色是天然的，**没有添加焦糖色素**。有的酒厂会使用焦糖色素来统一产品颜色。

* 酒标上出现了 NAS（无年份）的字样？换句话说，酒标上没有标注年份。这样的威士忌往往在 3 年出头。无年份是一种新的说法，用以对抗饮酒者对所谓的高年份威士忌的狂热追捧。无年份威士忌亦经过精心酿造，能为你带来惬意的品酒体验。

* 酒标上的酒精浓度超过了 **40%**？这并不代表这是一瓶劣等威士忌！酿酒师没有进行冷凝过滤，因为这道工序会令酒液丧失部分香气；而且，酒精浓度高，也避免了酒液在室温下会变得浑浊的问题。

进阶阅读

部分酒瓶的瓶身背后还有一张标签，用于标注一些实用信息，比如**批发商的地址**。有的时候，背标上也会标注**香气评语或推荐喝法**。这些信息非常主观，不构成任何承诺，也不代表这瓶酒就是优质的。

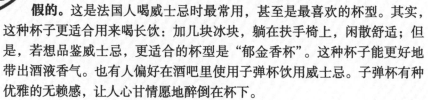

真的吗？

真的还是假的？

最适合喝威士忌的杯子
是又宽又矮的

假的。 这是法国人喝威士忌时最常用，甚至是最喜欢的杯型。其实，这种杯子更适合用来喝长饮：加几块冰块，躺在扶手椅上，闲散舒适；但是，若想品鉴威士忌，更适合的杯型是"郁金香杯"。这种杯子能更好地带出酒液香气。也有人偏好在酒吧里使用子弹杯饮用威士忌。子弹杯有种优雅的无赖感，让人心甘情愿地醉倒在杯下。

郁金香的秘密

"郁金香杯"的底部好似一颗"气球"，到了中间便不再外扩，杯口处略微收窄。这种形状**能够捕捉香气**；当品鉴者愉快地喝下酒液时，香气哪里也去不了，只能散入口中。郁金香杯早已成为葡萄酒品鉴师的钟爱之物。每个产区的酒厂都声称，这种杯型与自己产区的美酒最搭配。郁金香杯也获得了烈酒品鉴师的青睐，因为它的留香效果最好。如今，威士忌拥有了一款新的专用杯型——**没有杯脚的郁金香杯**。这种杯子较葡萄酒专用的郁金香杯更矮更宽，容量约为180毫升。当然，喝威士忌时是不会把杯子倒满的。

所谓的"威士忌杯"

这种杯子的外形与普通的**平底杯**类似：宽口、无脚、杯壁直且厚、杯身较矮（8厘米至10厘米），容量多为250毫升。通常由水晶制成，优雅大方，风格简约，是餐前酒时的美丽点缀，也是豪华住宅中不可或缺的装饰品。虽然这种杯子不适合饮用烈酒，但可以用来喝汽水、水、果汁或长饮。

酌饮威士忌

威士忌图解小百科

高玻璃杯

这是用来喝**长饮**的杯子。长饮是一种酒精饮料，指掺了气泡水、汽水、果汁、牛奶等饮料的**威士忌**（或其他烈酒）。这种杯子高而窄，容量为250毫升至350毫升不等（甚至更大）。饮用长饮时，可以倒满整杯，只留下一点空间，点缀一片柠檬或一把彩色小伞。兑入哪些饮料、饮料与酒精的比例为多少，均可随心选择。

子弹杯

很难说这种玻璃杯是为了品酒而设计的。毕竟用子弹杯喝酒时，我们往往会一饮而尽。子弹杯可容纳25毫升至50毫升的酒液，虽不过瘾，但足以尝到酒精的味道；而且，用子弹杯喝酒，主要是为了获得碰杯畅饮时的痛快感觉。传统杯型为直立、厚底；新杯型更为圆润，杯口略张。子弹杯的受众大多是年轻人，所以子弹杯通常是五颜六色的，或装饰有搞笑的图案及句子。

鸡尾酒杯

不是所有鸡尾酒都是长饮。无论兑入几种烈酒，无论加入多少利口酒和糖浆，无论是否在杯底铺上碎冰层，喝鸡尾酒时都无须使用大容量玻璃杯。这种杯子不会让鸡尾酒变得更好看。高脚、敞口、尊贵雅致的"**马提尼杯**"和鸡尾酒才是绝配。

进阶阅读

如果拥有的酒杯款式有限，那么气球杯这款经典的杯型能为你解决所有问题。这种杯子源起于小酒馆，不张扬、不土气、简约而不简单。可选用容量较小（200毫升）的款式，适用于各种场合。无论是纯威士忌还是风味浓郁的威士忌，**都与这种杯型非常搭配**。

真的还是假的?

威士忌要加冰喝

加冰

假的。威士忌应室温饮用。和伏特加不一样,威士忌从来不应被放入冰箱冷藏,更别说冷冻了。品鉴威士忌不能草草了事,需做好准备。找一个安静的地方,与三五好友在惬意的氛围中,专心品酒,专注交流;敞开心扉,善意地接受他人的品味及偏好。

在哪里品鉴?

让我们先列举些反例,看一看理想的威士忌品鉴地点不应该是什么样子的:房间内有**强烈的味道**,包括鲜花、香水、厨房油烟及香烟烟雾;房间内**喧嚣嘈杂**,无法专心品鉴,也难以进行交流点评;房间内**光线昏暗**,无法看清威士忌的色泽与浓度。威士忌的外观不仅赏心悦目,也是体现其品质的元素之一。除了上述几点外,只要是在你感到舒适的地方,就可以品鉴威士忌。

什么时候品鉴?

早餐不是合适的品鉴时刻。这与道德无关,只是在清晨时,我们的五感,比如嗅觉与味觉,还未完全苏醒,且肚子需要的是实实在在的食物。享用了一顿丰盛的大餐后,饱腹感与昏昏欲睡的感觉也不利于威士忌的品鉴;而且用餐时,我们会喝下多种酒精,味觉的敏锐度会下降。**品鉴威士忌的最佳时刻是下午近黄昏之时,最好先在室外散散步。**这个时候,身体放松,感官敏锐,内心渴望享受平静的一刻。

我是英国贵族!

我是公爵夫人!

威士忌的最佳饮用温度?

威士忌应在**室温下饮用**,但"室温"这个概念会随我们身处地区的不同而有所不同。若环境温度高于 21 摄氏度,就应该将威士忌储藏在酒窖或其他凉爽之处(但不能过于寒冷)。**高温会损害烈酒**,更不用说饮酒者在高温下的状态有多么不好了;另一方面,寒冷会麻痹味蕾,因此不应往威士忌中加入冰块。当然,如果只想来一杯清爽开胃的酒饮,完全可以遵循法国人加冰块的喝法。但是,如果想品味威士忌的细腻微妙之处,那就摒弃这种喝法吧!

品鉴威士忌时不能喝水吗?

在品鉴**两款威士忌**的间隙,其实是建议喝一些水的(用另一个杯子装),**好让口腔清新,感官敏锐**。威士忌兑水喝,这会令法国人大为震惊。但是,芒什海峡[1]另一端的人们却喜欢兑水饮用,甚至在专业品鉴会上也这么喝。水可以**带出威士忌的香气**。但是,水也会稀释威士忌,改变酒液质感。威士忌是否能兑水饮用,见仁见智。

> 不如来瓶日本威士忌吧。

进阶阅读

人们很少会为平时经常饮用的**调和威士忌**举办品鉴会。虽然让大家品味各自熟悉的威士忌,并为其争辩,确实乐趣无穷。若想购买**单一麦芽威士忌、爱尔兰威士忌、小批次波本威士忌或日本泥煤威士忌**,让宾客垂涎欲滴,自己也不至于大出血的话,可以咨询酒水店的老板。他能为你找到意想不到产区的小众佳酿,口味独特,价格(相对而言)友好。这些威士忌也能与"最优质的"威士忌(这个概念是相对的)一样,令宾客尽欢。

☝ 名词解析

* 小批次: 小批次威士忌的酒液出自数量异常少的不同酒桶。法律并没有明确规定,酒桶数量具体应是多少。

1. 又名英吉利海峡,分隔了英国与欧洲大陆。

真的还是假的？
威士忌品鉴有一套专业术语

真的。和所有艺术一样，威士忌的品鉴也拥有一套专业术语。掌握了这些词汇，你才能和威士忌品鉴者交流。当然，每个人对这些词汇都有着不同的见解。但了解术语后，至少能听懂别人在说什么。你也可以使用自己的语言，来表达品鉴感受！

转动轮盘！

轮盘最内层的六个词语是威士忌及波本威士忌的粗略分类。这六个词语概括了我们对酒液的第一印象，也就是喝下第一口酒时感受到的冲击。在这六个风味类别之下，还将有更精确的描述。

在轮盘的中间层，每一类别中都有二到四个元素，代表了酒液令你联想起的事物。这些元素只是一个类比，不要真的去比较。威士忌或许会令你联想起谷物、大地，或鲜花……在这个阶段，就需要调动想象力了。

轮盘最外层的是各大类别下的精确风味，与酒液的味道最为接近。你的鼻子与味蕾将共同为你揭晓答案！大胆地去感受吧！随着品鉴的深入，所谓单调的威士忌会令你确信自己的第一感觉；而所谓复杂的威士忌或许会使你改变主意，将它分入另一风味类别。

没有什么复杂的！

经过多次品鉴，才能将风味轮盘熟记于心。在初始阶段，可以在品鉴时把轮盘放在手边，从中选择合适的元素。即使是令你毫无胃口的风味，比如"烤焦的蛋糕"或"医院走廊"，也不要忽略它们。有的时候，就算人们尝出了这些味道，也会羞于启齿。

口香糖、新鲜的颜料、胶水、洗甲水、指甲油、玻璃纸

椰子、玫瑰、百合、铃兰、欧石楠、薰衣草

花朵

桃、香蕉、新鲜无花果、熟梨、覆盆子、草莓、苹果、苹果泥

新鲜水果

草本

采摘的花朵、绿色的植物茎、绿番茄、绿色蔬菜、采摘的草本植物、干草、冷杉树

燕麦片、麦片粥、早餐谷物、麸皮、淡色艾尔啤酒、全麦面包

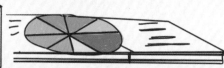

好的，就你了……

葡萄干、
...子干、
...花果干、
...蛋糕、
...橙子酱

干果

蜂蜜、
蜂蜜酒、
蜂蜡、
地板蜡

蜂蜜

MIEL

香草

香草精、糖蜜、
软焦糖、
热那亚奶油布丁、
萨沃伊蛋糕

果香

地里的苔藓、
泥煤腐殖土、
灌木丛、
蘑菇、
树皮

泥土

烟熏柴火、
烟囱、
泥煤烟雾、
烟熏鲱鱼、
烟熏香肠

烟熏

海鲜、贝壳、
藻类、海雾、
海风

碘味

医院走廊、消毒水、
乙醚、90% 的酒精

药物

泥煤风味

辛辣风味

硫磺

油布、塑料、烧焦的橡胶、
橡皮、废气、火柴盒的
擦火皮、鞭炮

肉类

肉汁、香肠、猪肉、
肥猪肉丁、鞋油、
奶酪、崭新的皮革、
老旧的皮革、马具

咸水、
煮完大白菜的水、
烟头、雪茄灰

牛奶巧克力、
新鲜奶油、
黄油、杏仁、
橄榄、亚麻籽油、
烛蜡

烤焦的蛋糕、
咖啡渣、干草、
烟盒、木屑

...莉酒、
...葡萄酒、
...特酒、
...干邑

观察酒液的颜色

若陈化于旧酒桶，威士忌的颜色可浅至**很淡的淡黄色**；若陈化于全新橡木桶或雪莉桶，酒液颜色可深至深琥珀色；若在波特桶中陈化，深琥珀色中还会透出一抹淡粉色。威士忌的颜色与品质无关，从中能知晓的只有这款酒陈化时用的是什么桶而已。

进阶阅读

威士忌的香气尤为丰富。嗅闻威士忌，体验鼻尖的愉悦之旅！谷物、鲜花、草木、水果、泥煤及海雾的香气来自酿造过程：**制麦、糖化、发酵及蒸馏**；木质香气及辛辣香气则来自陈化阶段。

酌饮威士忌

威士忌图解小百科

真的还是假的？
威士忌从不上餐桌

假的。爱尔兰人和苏格兰人并不反感以威士忌搭配佳肴。但是在法国，威士忌配餐依然是一种古怪行为！以葡萄酒搭配美食的习俗深深地印刻在法国人的血脉里！吃饭并不是一件随意小事，千万不要忽略了餐食的准备过程，不然很可能会错过精彩部分。这一部分会令你知晓：是的，我们在餐桌上也可以品味威士忌。

基本规则

注意饮酒量！ 比起葡萄酒，威士忌更容易喝醉。如果好友醉得无法品尝你为他们精心烹制的菜肴，那该有多遗憾。少倒一些酒，备好清水，方便客人吞咽。

威士忌酒精浓度高，香气类型丰富，喝过便念念不忘。 请准备几道特点鲜明的菜肴，否则难以与威士忌相称。

在用餐过程中，如果只准备了一款葡萄酒，这不合适；威士忌同理。 从口味最清淡的开始，以口味最浓郁的结束，这样的经典路线也行不通。更好的做法是：每一道菜搭配一款威士忌。

注意食物与酒款的口味搭配，两者应具有相同风味， 比如海洋风味、花香或木香。可以试一试用泥煤威士忌搭配甜点（尤其是巧克力甜点）。这个组合的口味对比强烈，出人意料，妙不可言。

经典菜肴

烟熏三文鱼

要知道，爱尔兰是一座岛屿，苏格兰也占据了半座岛屿。吃鱼是他们的老祖宗流传下来的习俗；这两个地区不适宜种植葡萄树，人们对葡萄酒的酿造技术所知甚少。因此，爱尔兰和苏格兰人会以他们最擅长酿制的酒饮——威士忌——来

搭配海鲜佳肴。选择一块产自英伦的上好野生三文鱼，不要选用北欧三文鱼，佐以一款带有凛冽海风风味的威士忌。也可以尝试甜味优雅的圣雅克扇贝或挪威海螯虾；带碘味的生蚝也是个不错的选择……

野禽

野鸡、野鸭及鹧鸪的味道鲜明，令人齿颊留香，但不抢风头，反能突出威士忌的香气。可以选择一款森林风味威士忌。若再佐以鲜有人品尝的野生蘑菇，那便是点睛之笔。尤其在秋天，这道菜肴定能博得满堂彩。

> 我也想来点儿威士忌！

哈吉斯是什么？

哈吉斯可以翻译成"肉馅羊肚"，准备起来可不简单！这是一道苏格兰的传奇菜肴，也是搭配威士忌食用的传统美食。在苏格兰，每年1月25日是"彭斯之夜"，为纪念其民族诗人罗伯特·彭斯。每到这一天，苏格兰人的餐桌上便会出现哈吉斯。哈吉斯是道常见的食物，在街头巷尾就能买到。在法国，若想为客人打造一顿原汁原味的苏格兰晚餐，除了苏格兰的优质特产威士忌与风笛乐声外，再准备一道哈吉斯便万事大吉了！制作这道佳肴，不仅要预留出足够的时间，也要备足所有原料，这并不容易。需准备羊内脏（羊心、羊肺、羊肝）以及用以填充羊肚的燕麦及各种香料。在邀请客人之前，还是先去附近的肉铺问问吧。他们可能没办法满足你的所有需要。

进阶阅读

日本人也喜欢以威士忌配餐，但他们的方式比较独特。他们会兑入2/3的水稀释酒液。如果想效仿日本人的喝法，请选择一款可兑水稀释的日本威士忌（具体酒款可咨询酒水店）。日本人通常会以威士忌搭配鱼类菜肴。

肥肝

肥肝搭配甜葡萄酒，这个习惯已经深入人心。不如试一试以口感柔美的威士忌，甚至波本威士忌来搭配肥肝。不过，请避免选择风味过于辛辣的酒款，这会掩盖肥肝的细腻口感，令你难以体会其中的微妙之处。

酌饮威士忌
威士忌图解小百科

真的还是假的?
威士忌能为蛋糕增添香气

没错,这世界上不仅仅有朗姆巴巴蛋糕[1]!

真的。甜点与威士忌的结合并非总是成功。将甜点与酒精融合在一起,本就是个棘手的问题。不过,威士忌和许多烈酒一样,被作为提神佳品运用在了甜点中,并为之增添香气。

以威士忌搭配甜点?

食用甜品时,口腔中会充满甜味,难以品味威士忌的芳香。更好的方法是在二者间形成**对比**。比如以泥煤威士忌搭配甜品,其烟熏风味将优雅地对抗甜品的香甜。巧克力甜品便是泥煤威士忌的最佳搭档。巧克力撞上泥煤威士忌,味道将得到升华。这个组合绝对是**惊喜之选**。如果不抗拒甜腻的味道,也可以选择**波本威士忌**,其主要原料是玉米。玉米的甜与甜点的甜将叠加融合,带你重温欢乐的童年时光。

嗯……这是什么味道?

含酒精的菜肴对身体有害吗?

确实,酒精会蒸发,但酒的味道仍会留在食物中;而且,**酒精的蒸发需要时间**,烹制几分钟是不够的。烹制 10 分钟,只有 **40%** 的酒精会蒸发。酒精含量最少的菜肴是红酒烧肉。但即使烹制了极长时间,肉汁中依然会留下 **10%** 的酒精。孩子们一般不喜欢含有威士忌或其他酒精的甜点。对于戒酒人士来说,虽然含酒精的菜肴不会对他们构成任何生理风险。不过,酒精曾是他们最爱的东西。要是他们闻出了或尝出了酒精的味道,很可能会感到窘迫。

1.法式蛋糕,在朗姆酒糖液中浸泡 24 小时后食用。

重现经典

经典甜品往往使用朗姆酒或干邑调味，若以威士忌代替，会让纯粹主义者大跌眼镜。对热衷于探索新鲜事物的人们来说，却是一大乐事。比如说，为什么不用柔和甜美不呛口的威士忌做个**威士忌巴巴蛋糕**呢？**圣诞树干蛋糕**[1] 大家都吃腻了，不如翻新一下吧？干冽的威士忌与**栗子**搭配，味道非常美妙，如果喜好异域风情，还可以加入一点生姜。**葡萄干蛋糕**一般用作开胃小点，也能融合威士忌元素：先把葡萄干浸入威士忌中，再用于制作蛋糕。搭配甜品食用的**橘子酱**中也可以加入一小杯威士忌。别忘了还有**巧克力慕斯**。巧克力能和多种意想不到的香气搭配，比如辣椒。威士忌香气丰富，可随心挑选以搭配巧克力慕斯：木香、油香、花香，或更大胆的海洋风味。

地道英伦甜点

不吃**圣诞布丁**[2]，相当于没过圣诞节！若想在威士忌主题的晚餐上吃到圣诞布丁，一定要提前规划晚餐日期。圣诞布丁至少要静置一个月，甚至有人说要静置三个月！当然，我们要做的是一款威士忌口味的圣诞布丁。

1. 在碗中把干料混合在一起：面包糠、面粉、糖、盐、科林斯葡萄干、士麦那葡萄干、糖渍橙皮、糖渍柠檬皮、蜜饯、肉豆蔻、四香粉[3]。加入大量熔化的牛油或植物油。

2. 再拿一个碗，把鸡蛋打散，加入牛奶和威士忌。把两个碗中的原料混合在一起。

3. 拿出一个大碗，把混合物倒入大碗中。这个大碗将用于蒸制蛋糕。用烘焙纸覆住碗口，再用未经染色的天然纤维布包裹大碗。注意：在蒸制过程中，包裹物不能脱落，一定要包紧了。

4. 静置 12 小时至 24 小时。

5. 把大碗放入蒸锅，注意水不能溢入大碗，蒸 6 小时至 8 小时。

1. 法式蛋糕，形状为一截树桩。
2. 起源于中世纪的英格兰，传统的圣诞节点心。
3. 法国的一种常用香料，四香分别为胡椒粉、丁香、肉豆蔻及干姜。

进阶阅读

酒精中含有糖分，味道类似焦糖，会在烘焙的过程中突显出来。不喜欢这种味道？如果想保留威士忌的原本风味，与其把酒液加入蛋糕中，不如等蛋糕冷却后，把酒液喷洒在蛋糕上。只要喷一点点，就能有明显酒香。

6. 用干布把大碗包裹好，放在通风处，静置至少一个月。

7. 食用当天，再蒸两小时。把蛋糕从大碗中取出，装盘，浇上威士忌，点火燃烧。

配上加了威士忌的新鲜英国奶油食用。

酌饮威士忌
威士忌图解小百科

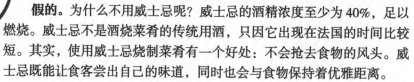

真的还是假的？

制作酒烧菜肴时，不使用威士忌

假的。为什么不用威士忌呢？威士忌的酒精浓度至少为40%，足以燃烧。威士忌不是酒烧菜肴的传统用酒，只因它出现在法国的时间比较短。其实，使用威士忌烧制菜肴有一个好处：不会抢去食物的风头。威士忌既能让食客尝出自己的味道，同时也会与食物保持着优雅距离。

哎呀

酒烧的历史

酒烧的意思是，在食物烹饪完成后，往热锅中倒入酒精，并将其点燃。当然，也可以先把美食装盘，再进行酒烧，但动作要快。高温是酒烧中不可或缺的因素。酒烧的历史可追溯至 **16** 世纪，一直以来广受好评。法国名厨奥古斯特·埃斯科菲耶（Auguste Escoffier）曾创造了酒烧的高光时刻。他在为当时的威尔士亲王奉上可丽饼时，将利口酒洒在了可丽饼上，并不小心点燃了。不过，威尔士亲王仍开心地享用了这道甜品，并将其命名为苏塞特可丽饼。这种做法从此名扬天下。

烧的注意事项

如果酒精浓度低于40%，酒液难以燃烧；如果酒精浓度过高，火焰则会燃烧得过旺，可能会引发危险。

把酒倒入锅中烧热，但不要煮沸。酒液经过加热后，酒烧能进行得更顺利。

戴好护具，防止烫伤。使用深口长柄锅及长火柴。

不要把装着食物的平底锅靠近灶台。

熄灭抽油烟机。不然的话，火焰会被吸往抽油烟机的方向。

手边准备一个锅盖，以防火烧得太旺。

把酒倒入装着食物的平底锅后，需立刻点火，以防食物吸收酒精。在锅的边缘点火比较安全，不要在中间点火。

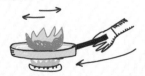

把平底锅放在点燃的灶台上轻轻抖动，让酒液和火焰均匀铺开。

15秒至30秒后，火焰会自动熄灭。若想保留更浓郁的酒精味道，可以使用锅盖提前把火扑灭。

在餐桌上进行酒烧，超有范！

酒烧的过程既美丽，又壮观，就像变魔术一样！若想成功完成一次酒烧，要先把餐盘加热。别忘了腾出一大块地方。在宾客面前表演酒烧，食物的温度一定要足够高。

不建议把正在燃烧的菜肴从厨房端到桌上。要是不小心绊倒了怎么办？

来点儿威士忌，换换花样

菜肴	可以用威士忌酒烧吗？
大虾、鳌虾、海鳌虾、圣雅克扇贝	威士忌能激发甲壳动物的香味，同时保留它们的细腻质感。可以使用碘味威士忌浸泡这类食物，然后使用热锅大火烹制。
烤狼鲈或鲷鱼	这类菜品通常以茴香酒烧制。香味浓郁的威士忌将成为茴香酒的有力对手。
小牛肾	小牛肾与其他内脏不同，并不惧怕浓郁风味。在泥煤威士忌或木香威士忌中，小牛肾的美味将更上一层楼。
胡椒牛排	高年份的辛辣威士忌会为这道佳肴增色不少；木香威士忌则能包裹住胡椒的锋利棱角；麦芽威士忌能使牛排酱汁中的奶油更加柔美顺滑。
焦糖苹果	若要以酒烧制焦糖苹果，哪种烈酒能与卡瓦多斯苹果白兰地相抗衡？也只有波本威士忌和果香威士忌可以一战了。波本威士忌中的玉米与焦糖是天生一对，果香威士忌也能达到同样效果。
炒桃子	炒桃子是一道属于夏天的美食，这毋庸置疑。味道淡雅的果香威士忌是最好的选择，与这道清爽的甜点相得益彰。
酒烧香蕉	朗姆酒显然与酒烧香蕉是绝配。若想添些新意，可以选择柔和的麦芽威士忌或带有苦味的泥煤威士忌。
酒烧可丽饼	所有威士忌都适合酒烧可丽饼。如果不喜欢甜味，不想使用利口酒，那么威士忌是绝佳的代替品。

进阶阅读

有人认为，做菜用的酒不需要太好。确实，没必要为了做菜而重金购入高端威士忌。但是，品质一般的烈酒做出来的菜肴，肯定是不尽如人意的。从酒柜中挑选一瓶味道与菜肴相衬的威士忌即可。毕竟，酒烧使用的威士忌不过一小杯而已！

👉 **真的还是假的？**

高年份威士忌应搭配年轻奶酪

我脸上有什么东西吗？

假的。 特征鲜明的威士忌与味道浓郁的奶酪更搭配。对于许多纯粹主义者而言，法国的荣誉特产配上盎格鲁－撒克逊民族的烈酒，这似乎是一种亵渎。但不少探险家已经尝试过这种组合了……非常成功！威士忌灼烧的口感不再明显，取而代之的是丰富香气。

什么时候上奶酪？

奶酪盘

奶酪盘曾是餐桌上的一道经典佳肴。为了它，人们会从酒窖中拿出顶级陈年葡萄酒。盘中的奶酪经过细致搭配，以满足每位宾客的喜好。盘上点缀着炫目珠宝，彰显了工匠的高超技艺，洋溢着喜悦气息。过去的人们还能描绘出这般景象。如今，无论在餐厅还是在节日聚会上，奶酪盘都不受待见。人们的借口是，吃不下奶酪了，还不如留着胃口吃甜点。即使奶酪盘出现在餐桌上，它也失去了往日的光环，因为真正的奶酪实在太贵了。如果用上好的威士忌搭配奶酪盘，或许还能唤起大家的食欲。在主菜后腾出一小段休息时间，不要吃得太饱。可以在这个时候呈上经过精心搭配的奶酪盘，要重质而不重量。

开胃菜

奶酪作为开胃菜时，与香肠一样经典。但应该使用哪一种奶酪？经巴氏消毒、味道寡淡的山羊奶酪，平淡无味、搭配水果的硬质奶酪，还是颜色格外白的新鲜奶酪……这些奶酪只会沦为餐桌上的无名小卒，请不要用它们来搭配威士忌。不如大胆地启用具有代表性的、味道浓郁的奶酪作为开胃菜，再配上优质面包。这样不但能衬出威士忌的风味，也能令宾客吃得开心。

前菜

在前菜环节吃奶酪的人不多，但不代表不可以这么做。把奶酪元素加入前菜，这很好地延续了开胃菜环节，也让害羞的人有理由继续品味威士忌。正餐的序幕由口味浓郁的奶酪及威士忌拉开！不过，后面的主菜如何衔接呢？可以尝试点新花样，在主菜中也加入奶酪，效果会很不错；或者选择与威士忌相搭配的主菜，让大家能继续畅饮，比如炒海鲜。

卡蒙贝尔奶酪与苏格兰威士忌，英法世仇的和平使者

除了葡萄酒，与卡蒙贝尔奶酪相配的还有同样来自法国的苹果酒和卡瓦多斯苹果白兰地。其实，卡蒙贝尔奶酪与口味清爽、香气细腻的苏格兰威士忌也是绝配。苏格兰威士忌散发着甜美的奶油香味，柔和得恰到好处，还不至于损害英国的父权文化。

蓝纹奶酪与泥煤威士忌，自命不凡的经典组合

不要选择口味轻柔的蓝纹奶酪，它们会被威士忌的风味淹没；请选择蓝纹奶酪中的王者——罗克福奶酪，它将自信满满地大显身手。面对泥煤威士忌，罗克福奶酪的嚣张气焰将有所收敛，但不会退缩。这对口感丰富的组合将大肆入侵你的味蕾。

芒斯特奶酪与波本威士忌，香气的碰撞

波本威士忌虽然风味浓烈，还带有糖渍橙子的微甜香气，但依然无法掩盖芒斯特奶酪的浓郁气息。芒斯特奶酪与波本威士忌毫无共同之处，组合在一起却相得益彰。

孔泰奶酪与碘味威士忌，山海的交融

与所有产自大山的硬质奶酪一样，孔泰奶酪经过长时间熟成，口味鲜明突出，质地坚硬结实。碘味威士忌能带出孔泰奶酪的辛辣风味。泥煤威士忌也能达到相同效果。

进阶阅读

将奶酪与威士忌搭配品尝，这就是一场"品鉴会"，即使你没有这么叫。因此，请精心挑选玻璃器皿，郁金香杯是必不可少的。不知不觉中，客人们将不再惊异于你的这个选择。郁金香杯会令人联想起葡萄酒，能将客人带入他们熟知的领域。郁金香杯容量不大，非常适合小酌几口。根据奶酪种类的不同，郁金香杯也可以盛放不同的酒液。

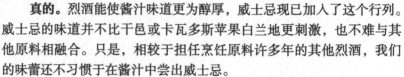

真的还是假的？

用威士忌制作酱汁，超级美味

真的。烈酒能使酱汁味道更为醇厚，威士忌现已加入了这个行列。威士忌的味道并不比干邑或卡瓦多斯苹果白兰地更刺激，也不难与其他原料相融合。只是，相较于担任烹饪原料许多年的其他烈酒，我们的味蕾还不习惯于在酱汁中尝出威士忌。

威士忌式蛋黄酱

可搭配贝壳或海鲜。

① 将 3 汤勺蛋黄酱和 3 汤勺番茄酱混合均匀。

② 缓慢倒入 2 至 3 汤勺威士忌。

③ 加入 200 毫升液体奶油，搅打均匀，直至酱汁变得浓稠。

酱汁上桌后，即可将其加入菜肴。

美味的牛肝菌汁

可搭配烤牛肉、小牛柳、厚牛排或西冷牛排。

4 人份

① 准备 750 克牛肝菌，去除底部污泥，用冷水洗净，晾干后切片。

② 锅中倒油，放入牛肝菌持续翻炒，直至金黄。中火再煎 10 分钟左右。

③ 将 2 个火葱[1]、2 瓣大蒜及一棵香芹切碎，倒入锅中。

④ 关火，加入一小勺浓缩番茄酱及 50 毫升鲜奶油，再加入 3 小勺威士忌（最好是高年份的辛辣风味威士忌）。

⑤ 把酱汁浇在烤牛肉上。

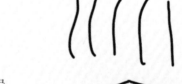

1. 葱属植物，原产于西亚，在欧洲的部分地区及中国南方也有栽培。

浓郁奶油汁

可搭配油炒西葫芦；也可搭配虾、大虾及海螯虾。

4 人份

① 将 3 瓣大蒜切碎。锅中放入少许油，中小火将蒜末煎至金黄，几分钟即可。

② 加入 250 克马斯卡彭奶酪与 4 汤勺威士忌，中小火烹煮 10 分钟左右。

③ 把酱汁浇在西葫芦上。

焦糖酱

① 将 100 毫升液体奶油倒入锅中加热，不要煮沸；倒出备用。

② 将 100 克粗红糖倒入锅中，不加水，中火熔化；不要搅动，以防粗红糖结晶。

③ 待粗红糖熔化变成棕色时，加入几滴柠檬汁，可防止糖液凝结。关火。

④ 将加热的液体奶油一次性倒入糖液中。

⑤ 加入 25 克咸味黄油，搅拌均匀。

⑥ 加入 2 至 3 小勺威士忌。放凉后食用。可装入密封性良好的食品罐中保存。

进阶阅读

我们要再一次地提出这个问题：应该使用哪种威士忌？如果不要求调制出某种特殊口味的酱汁，可以选择风味不那么明显的威士忌。调制威士忌酱汁时，通常会用到奶油。选择油脂含量丰富的奶油产品，最好从当地奶油生产者处直接购买。这样的奶油被制成酱汁后，香气依旧浓郁。如果制作酱汁的其他原料存在感非常强，比如本章中提到的牛肝菌，那么可以使用风味浓烈的威士忌。要知道，鲜明的香气在酱汁中会十分突出，能够带来独特的舌尖体验！

👉 **真的还是假的?**

调制威士忌酸时，会加入橙汁

假的，加的是柠檬汁。起初，威士忌酸只是冬天的提神热饮。1955年，这款鸡尾酒迎来了它的高光时刻。在电影《七年之痒》中，玛丽莲·梦露酷爱饮用威士忌酸。

 **威士忌酸**

使用摇酒壶调制威士忌酸。

往摇酒壶中倒入50毫升威士忌或波本威士忌、20毫升蔗糖糖浆，以及柠檬汁。若想让酒液浓稠一些，可以滴入几滴蛋清。加入冰块，猛烈摇晃。使用古典鸡尾酒杯盛装。

—— 古典鸡尾酒 ——

直接使用**古典鸡尾酒杯**调制。

将1块方糖放入杯中。滴入几滴苦精，使方糖溶解。加入冰块，再倒入60毫升黑麦威士忌。

 —— **曼哈顿** ——

使用搅拌杯调制。往搅拌杯中加入冰块、40毫升威士忌或波本威士忌、20毫升红威末酒及几滴苦精，猛烈搅拌。拿一个冰镇过的马提尼杯[1]，在底部放入樱桃。把搅拌过的酒液倒入杯中（去除冰块）。

1. 对酒杯进行冰镇处理，是为了保持酒液的干爽和低温，从而保证良好的口感。

驯鹿

使用搅拌杯调制。这是一款加拿大的传统鸡尾酒，可作热饮。往搅拌杯中加入冰块，然后倒入 40 毫升威士忌或波本威士忌、90 毫升红葡萄酒及少许枫糖浆，搅拌均匀。使用古典鸡尾酒杯盛装。

薄荷朱丽普

 + +

直接使用古典鸡尾酒杯调制。提前冰镇酒杯。将 5 片薄荷叶放入杯中捣烂，加入 1 咖啡勺蔗糖糖浆和几滴苦精。往杯子里倒满碎冰，再加入 60 毫升威士忌。

 + +   百万富翁

使用摇酒壶调制。往摇酒壶中加入冰块、50 毫升威士忌、15 毫升橙皮利口酒、1 个蛋清及少许石榴糖浆，猛烈摇晃，滤入马提尼杯。

萨泽拉克

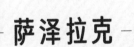 +  + +

使用搅拌杯调制。往搅拌杯中加入冰块、50 毫升威士忌、1 咖啡勺蔗糖糖浆和几滴苦精，搅拌均匀。往马提尼杯的杯壁上喷洒苦艾酒，如有余量需倒出。将搅拌后的酒液倒入酒杯。饮用前加入柠檬皮装饰。

进阶阅读

以威士忌为基酒的鸡尾酒不太受欢迎。人们更喜欢选用伏特加或朗姆酒调制鸡尾酒。伏特加味道浓郁，风味显著；朗姆酒据说能使心情愉悦。在鸡尾酒中，威士忌的味道即使能被尝出来，也并不鲜明。在点选鸡尾酒前，先弄清楚自己的喜好，以免喝到"意外之喜"。

名词解析

*酸：含大量柠檬汁的鸡尾酒。

*古典：古典鸡尾酒杯便是法国人所谓的"威士忌杯"；古典鸡尾酒指的则是一款诞生于 19 世纪的鸡尾酒。

酌饮威士忌

威士忌图解小百科

真的还是假的？
兑威士忌只能用汽水

我要让这东西冒泡泡！

可乐

假的。 别忘了水也可以！天然水或气泡水都行。爱吃甜的人喜欢往酒中加入少许糖浆，比如石榴糖浆，或者果汁。如果想来点儿新鲜的，可以试试蔓越莓汁。汽水显然也可以兑威士忌，比如由神树树叶与可咀嚼的果实制成的汽水[1]。当然，许多其他汽水也都可以。

饮料，饮料

19 世纪，鸡尾酒兴起，这要归功于盎格鲁-撒克逊人。因此，英语单词drink（饮料）在鸡尾酒领域被广泛使用。短饮（short drink）至多为 100毫升，70 毫升是最好的。短饮未经稀释，酒精浓度较高。120 毫升以上的则是长饮（long drink），通常使用高玻璃杯盛装（见第 79 页）。兑入了

水或汽水的威士忌叫作嗨棒，若再加入新鲜薄荷叶，则叫作朱丽普。此类鸡尾酒可作全日鸡尾酒，也可作餐前鸡尾酒（或称开胃酒）。此外，威士忌还可以作为热饮饮用。

可乐总能让我想起欢乐时光。

喝可乐会上瘾吗？

1885 年，药剂师约翰·彭伯顿（John Pemberton）发明了"法国古柯葡萄酒"。彭伯顿在美国南北战争中受了重伤，对吗啡成瘾。为了戒断吗啡，彭伯顿开始研制药剂。他使用的材料包括古柯树树叶——可卡因便提取自古柯树的部分品种、可乐果——可乐树的果实，咀嚼时有提神功效，以及能刺激性欲的特纳草。

1.此处的汽水指的是可乐；神树指的是古柯树，古代秘鲁土著会在祭祀典礼中焚烧古柯树树叶以祭拜神灵；可咀嚼的果实指可乐果，西非土著喜欢将可乐果放在口中慢慢咀嚼，提神醒脑。

禁用可卡因

因其中含有可卡因，不含酒精的"法国古柯葡萄酒"一经推出，便受到了嗜酒人士的热烈追捧。这种情况持续到了 20 世纪 30 年代。如今，我们再也喝不到类似的饮料了。近几十年来，人们一直用名为"可乐"的饮料来稀释威士忌，尤其是法国人。对于那些想尝试酒精的年轻人来说，可乐就像一种过渡饮品，带有童年的味道。

姜汁啤酒

姜汁啤酒并不是一种啤酒，而是一种姜香浓郁的汽水。确切地说，姜汁啤酒不再是一种啤酒。18 世纪，牙买加的姜汁啤酒的酒精浓度与普通啤酒无异。姜汁啤酒由糖蜜、面包酵母及生姜发酵而成，受到殖民者的青睐，传入了英国。随后，大量的英国酒厂纷纷开始生产这种饮品。如今的姜汁啤酒可用于调制美味的长饮，与威士忌也很搭配。

进阶阅读

若要充分品鉴心爱的威士忌，就不能放过任何一个细节，比如水。在把水兑入威士忌之前，应先尝多款水，从而挑选出与威士忌最搭配的一款。往酒中加入几滴天然水，这么做可以激发酒液的香味，又能让醉意不会来得太快。水和威士忌一样，都应是常温的；不要选择含有过量矿物质的水，否则水的味道会过于突出。品尝了多款不同的水后，就能明确自己偏好的是哪种味道、哪种质感的水了。若要制作长饮，气泡水是一个不错的选择。挑选气泡水时，有一个元素最为重要，那就是气泡的细腻程度。即使气泡感强烈，气泡也不应在味蕾上横冲直撞，而应留出充分空间，让味蕾愉悦地品尝这款混合饮品。

酌饮威士忌
威士忌图解小百科

真的还是假的？

爱尔兰咖啡诞生于"二战"期间

真的。爱尔兰咖啡的发明者是一名善良的爱尔兰人。为了给同胞提提神，他创造出了这款酒饮。自 20 世纪 50 年代起，爱尔兰咖啡风靡全球，其精髓为酒精 + 咖啡 + 奶油。任何烈酒，或者说几乎所有烈酒都可用于调制爱尔兰咖啡。还有一个关键问题：怎么才能调制出一杯完美的爱尔兰咖啡？其实，只要一点专心就可以。

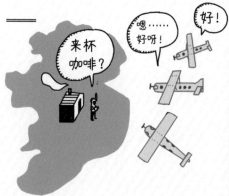

来杯咖啡？

嗯……好呀！

好！

团结一心的人们最美！

1939 年至 1945 年间，爱尔兰西部的福恩斯设有机场，横跨大西洋的水上飞机会经停于此。旅客大多为军人，在 15 个小时的漫长飞行后，又冷又累。幸运的是，负责迎接旅客的是一个名叫约瑟夫·谢里丹（Joseph Sheridan）的爱尔兰人。他心想，一定要为疲惫不堪的旅客准备一种比茶更提神的饮品。他将咖啡、大量威士忌与鲜奶油混合在了一起。爱尔兰咖啡就此诞生。20 世纪 50 年代初，爱尔兰咖啡传入加利福尼亚。虽然气候环境不再寒冷，但这款酒饮依旧迅速俘虏了老饕们的心。

太好喝了！

制作步骤

❶ 用滚水烫一下杯子。这么做能让杯子适应高温，且能够为饮品保温。

❷ 在锅中放入 2 块白糖或粗红糖，倒入 30 毫升爱尔兰威士忌，点火加热，熔化糖块，但不要煮沸！

❸ 把液体倒入烫过的杯子。

❹ 往杯中倒入 40 毫升热咖啡，可根据个人口味选择是否加糖。

❺ 打发温度极低的鲜奶油，舀到液体上。如果鲜奶油不会与液体混合，那就成功了！

三种颜色

传统的爱尔兰咖啡没有明显分层，也不会呈现出三种颜色。不过，三色爱尔兰咖啡不仅好看，而且唬人。制作起来再简单不过了。把加热过的威士忌倒入玻璃杯中，再加入足量的糖，好让酒液更加浓稠。把勺子掰成90度，放入杯中，但不要碰到酒液。慢慢地把热咖啡倒在勺子上，经由勺子落入杯中。抬高咖啡壶，拉长咖啡液，这样倒起来会容易一些。流动的咖啡液应该会浮在威士忌上，但不会与威士忌融合。最后，把鲜奶油小心地盖在咖啡上即可。

抄袭者！

爱尔兰咖啡风靡全球，而且配方中的酒款可随心更换。于是，各个国家纷纷开始制作自己的"爱尔兰咖啡"。但是，他们把"爱尔兰咖啡"中的"爱尔兰"换成了自己国家的名字，同时保留了"咖啡"这个词。在法国，不同地区竟然还有不同版本。使用干邑调制的是法国咖啡，用阿马尼亚克白兰地调制的是加斯科涅咖啡，用卡瓦多斯苹果白兰地的是诺曼底咖啡，用樱桃酒的是阿尔萨斯咖啡，用黄香李酒的是洛林咖啡，用朗姆比格苹果白兰地的是布列塔尼咖啡。西班牙咖啡使用雪莉酒调制；意大利咖啡选用的是意大利苦杏酒；瑞士咖啡和阿尔萨斯咖啡一样，用的都是樱桃酒；牙买加咖啡采用的是朗姆酒；墨西哥咖啡大胆地选择了甘露咖啡利口酒，这种酒本身就含有咖啡；田纳西咖啡用的酒款不必多说，自然是历史悠久的杰克·丹尼威士忌。

进阶阅读

爱尔兰咖啡，顾名思义，最初是以爱尔兰威士忌调制而成的。这个配方如今还具有合理性吗？撇开故作高雅的因素不谈，答案是肯定的。爱尔兰威士忌具有独特香气，毫无涩味，是调制甜美酒饮——爱尔兰咖啡——的理想基酒。有的人甚至将爱尔兰咖啡当作甜点食用。

☆威士忌逸闻☆
威士忌图解小百科

威士忌能让水变得更柔和。我就喜欢这么喝水！

威士忌逸闻 ☆威士忌图解小百科

真的还是假的？

丘吉尔认为，威士忌之所以存在，是为了让水变得能入口

真的。温斯顿·丘吉尔（Winston Churchill）毫不掩饰他对烈酒的狂热痴迷，尤其是威士忌。他曾说过："我从酒中得到的好处，远远多于酒从我身上夺去的东西。"这个专横的男人喜欢以尖锐的词句表达自己的想法。这种性格使丘吉尔能够贴近人民群众，因此拥有了极长的政治生涯。丘吉尔将他的两个爱好结合在了一起。与他一样，许多言语犀利之人也是嗜酒之人。

胜利

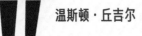

温斯顿·丘吉尔

"水不适合饮用。为了让水好喝一些，只能往里面加威士忌。我用尽毕生力气，才学会了欣赏水。威士忌是无价的出口产品，是大英帝国的统治特色。"

艾娃·加德纳[1]

"我想活到 150 岁；在死去的那一天，我希望能一手拿着烟，一手拿着威士忌。"

马克·吐温

"威士忌有种神奇力量，喝下它的人会说起苏格兰语。

让爱尔兰人喝一个月的啤酒，他们会死掉。爱尔兰人是铜的后代，啤酒会让他们生锈，而威士忌能将他们打磨光滑，是他们的救赎之物。"

1. 美国演员，曾被美国电影学会评为"百年来最伟大的女演员"。

> 如果一个男人讨厌狗且爱喝威士忌，那这个男人坏也坏不到哪里去。

> 随身带一瓶威士忌，被蛇咬伤时能用得上；此外，还要随身带一条小蛇。

 W.C. 菲尔兹[1]

> 威士忌不是个好东西，尤其是劣质威士忌。

> 威士忌是一束液体阳光。

乔治·伯纳德·萧[2]

> 我用加了柠檬汁的威士忌来狠狠地消磨时间。效果极好。

鲍里斯·维昂[3]

阿道克船长[4]

> 天杀的！船上一滴威士忌也没有啦！啊！这个把我们玩弄于股掌之间的可怜虫。要是让我抓到他，有他好受的！

> 年轻的朋友呀，如果这是威士忌，我愿意变成一只扇贝！

1.美国演员。
2.爱尔兰剧作家，其作品《卖花女》曾被改编为好莱坞电影《窈窕淑女》。
3.法国小说家、剧作家。
4.法语漫画《丁丁历险记》中的人物，嗜酒如命。

真的还是假的？
作家都爱喝威士忌

假的。不一定！许多作家都不喝酒。在法国，酒饮界的明星永远是葡萄酒。当然也有例外，比如弗朗索瓦丝·萨冈（Françoise Sagan）[1] 就酷爱威士忌。美国的情况则相反，烈酒是名流生活中的重要组成部分，包括作家。

酗酒成性的私家侦探

20 世纪 20 年代，侦探小说鼻祖**达希尔·哈米特**（Dashiell Hammett）塑造了"钢铁硬汉"的传统形象：头脑清楚、玩世不恭、沉着冷静。不过，最著名的硬汉人物是由雷蒙德·钱德勒（Raymond Chandler）于 1939 年创作的**菲力普·马洛**（Philip Marlowe）。马洛是一名私家侦探，独来独往，威士忌酒瓶不离手。他对当时的社会持悲观态度，憎恶贪污腐败的政治权力机关，捍卫深受其害的人民的利益。马洛虽不吝啬使用暴力手段，但也是个温文尔雅的男子，热爱象棋与诗歌。为了在这样的环境中坚持下去，他时常酗酒。但是，作者从未让马洛堕落至有损名节的境地。菲利普·马洛曾被多次搬上大荧幕。饰演过这一角色的演员包括《夜长梦多》中的**亨弗莱·鲍嘉**（Humphrey Bogart），以及《再见吾爱》中的**罗伯特·米彻姆**（Robert Mitchum）。

······· **罗伯特·米彻姆**

亨弗莱·鲍嘉 ·······

美国人西姆农

在成为受人尊敬的成功作家之前，乔治·西姆农（Georges Simenon）以化名创作了大量低俗的探险小说及情色小说，其中一本发表于 1929 年，名为**《得克萨斯的不法大亨》**，署名**克里斯蒂安·布鲁尔斯**（Christian Brulls）。这本书讲述了美国禁酒令时期，美国警察泰德·布朗（Ted Brown）追捕"私酒贩子之王"的故事。再版时，这本书改名为《威士忌的狩猎》。1945 年，西姆农移居加拿大，后定居美国。和他笔下的主人公麦格雷（Maigret）一样，西姆农也是个酒精爱好者。他入乡随俗，在美国喝起了威士忌。威士忌也是其书中人物最爱的酒饮。

1. 法国著名作家，代表作《你好，忧愁》。

威士忌纪录（千万不要模仿！）

2 2升：法国平均每人每年饮用2升威士忌。

6  6周：据说马克·吐温在6周大时便喝下了第一口威士忌。

8 8天：为了完成小说《蓝色大丽花》，处于癫狂状态的侦探小说家雷蒙德·钱德勒靠着波本威士忌和注射维生素生活了8天。

18  18杯：美国诗人狄兰·托马斯（Dylan Thomas）曾在一场晚宴上豪饮18杯子弹杯装的威士忌。

88  88%：位于苏格兰艾雷岛的布赫拉迪酒厂曾酿造出酒精浓度高达88%的威士忌。

威士忌的相关书籍与电影

《荒岛酒池》
康普顿·麦肯齐

《卡拉汉再也喝不上威士忌》
彼得·切尼

《香烟、威士忌和小姑娘》
彼得·切尼

《威士忌女爵》
若埃尔·亚历山德拉

《威士忌强盗的民谣》
朱利安·鲁宾斯坦

《威士忌的故事》
让·雷

《爱尔兰咖啡》
皮埃尔·维亚莱

《威士忌里的羽毛》
安托南·卢沙尔

《威士忌酸》
约瑟夫·安德鲁·康拉特

《不让梅菲斯托喝威士忌》
保罗·蒂埃丝

保罗·蒂埃丝

美国纽约人道格拉斯·肯尼迪（Douglas Kennedy）是一名旅行作家，在欧洲度过了中年岁月，酷爱威士忌。他旅行时酒不离身，无时无刻不在喝酒，热爱品酒，并乐于分享饮酒心得，在威士忌行家中拥有极大影响力。

威士忌逸闻
威士忌图解小百科

真的还是假的?

美国禁酒令时期，药用波本威士忌曾逃过一劫

威士忌

真的。波本威士忌可作药用，因此在美国禁酒令期间，肯塔基州的酿酒厂仍能继续生产纯波本威士忌，并收获了一批新的忠实顾客。从历史上看，威士忌最初便是被作为治疗性饮料使用的。

禁酒令的历史

什么时候?

1919 年 1 月 29 日，《美国宪法第十八条修正案》正式生效，禁止酒精的生产、运输、进口、出口及售卖。饮酒自然也不被允许。1917 年，美国参议院通过了该决议。

为什么?

19 世纪，大量移民涌入美国，尤以爱尔兰人和苏格兰人居多。他们带来了酿酒秘方，在社会上吹起了消费主义之风，酒精饮料盛行。这种景象不是保守主义者乐于见到的。他们与牧师及认为酒精会导致家暴的女性结成联盟，想方设法让酒精禁售。而且，参与"一战"的士兵需保持强健体魄，这为禁酒支持者提供了有力论据。

你好!

导致了什么结果?

非法酿酒商及私酒贩子开始集结运作，形成了庞大的犯罪帝国，油水丰厚，其中包括著名的阿尔·卡彭（Al Capone）[1]。警方人数过少，且存在贪污腐败的现象，拿犯罪分子一点办法也没有。国家无法征收酒精贸易税，收入下降。酒饮行业失业率高企。购酒成为了危险行为，但这并未阻止嗜酒者买酒。1933 年，美国总统富兰克林·罗斯福（Franklin Roosevelt）取消了禁酒令。

1.美国黑帮成员，曾掌权芝加哥黑手党。

待解决的问题

到哪里买威士忌？

人们确实可以购买药用波本威士忌，但是得有医生处方才行。没有熟人帮忙很难获取处方。佳节临近之时，药店外会排起长队！美国连锁药店**沃尔格林**从 30 家店铺扩张到了 400 家。

私酒贩子会从国外走私威士忌。虽然加拿大对酒精管控较以往更为严格，但依然允许生产威士忌。私酒贩子只需安排陆上运输，将酒运入美国即可；从欧洲走私则需走海路，途经加勒比海。私酒贩子通常会选择经巴哈马群岛中转。为了应付税收员及同行竞争者，他们需要雇佣大量信得过的人手。

怎么把私酿威士忌卖出去？

非法酿制的威士忌并不符合手工酿造标准。但是，人们并不在乎**私酿威士忌**风味的好坏。重要的是在禁令之下，还能在**地下酒吧**里喝酒狂欢。所以，酒贩子会往这些所谓的威士忌中加入一定比例的糖，为之**增添香气**，掩盖酒液的奇怪味道。

注意！危险！

就算逃过了冲锋枪子弹（通常是为私酒贩子准备的），频繁光临遍地开花的地下酒吧饮用私酿，或试图在家中酿造威士忌，依然是有风险的。酿造酒精饮料不难，难的是酿造无害的酒精饮料。非法威士忌中含有不可食用的**化学物质**，会导致大脑病变。非法酿酒商通过蒸馏树皮取得甲醇。甲醇和乙醇一样，能令人醉酒。但是，甲醇会逐渐损害**视觉神经**，进而损伤**神经系统**。不专业的酒厂层出不穷。若光临**海上酒吧**，则需承担公海的风险。政府划定了领海边界。在边界以外的地区，政府无权干涉。

👆 名词解析

* **私酿威士忌（moonshine）**：指非法酿造的威士忌，因酿酒者在夜间的月光下酿造而得名。

* **地下酒吧（speakeasie）**：指非法酒吧，因人们在喝酒后更容易打开话匣子而得名。

☝ **真的还是假的？**
所有威士忌产品都是由酒厂销售的

假的。 确实有一些小型手工酒厂会自行售卖威士忌，但他们也在小型经销商的辅助下完成销售。更主流的情况是，跨国公司管控着威士忌的庞大市场。他们会将数百万箱的低价调和威士忌贩运至超市中。

酒饮之王：帝亚吉欧

来自英国的帝亚吉欧是酒精及烈酒市场中的领导者。创立于 1997 年，帝亚吉欧由两家财力雄厚的跨国公司——**大都会公司及健力士公司**——合并而成。**健力士黑啤**也因此成为帝亚吉欧旗下的产品之一。帝亚吉欧频频出手，将财力较弱或财务困难的公司收入囊中。该集团的收购版图不仅限于欧洲，还延伸至包括土耳其、印度及巴西在内的偏远国度。帝亚吉欧拥有众多产品线，其中不乏销量常青的威士忌，比如**尊尼获加**（Johnnie Walker）——世界销量第一的苏格兰威士忌、**金铃喜乐**（Bell's）——英国销量最好的威士忌、**珍宝**（J&B）、**家豪**（Cardhu）……不难想象，帝亚吉欧集团在酒饮行业中拥有令人眼红的强大势力。

法国巨头：保乐力加

威士忌在法国兴起，这对于传统茴香开胃酒是沉重的一击。法国的两大茴香酒巨头——**保乐公司和力加公司**——于 1975 年合并，给予了有力的回击。保乐力加成为全球第二大葡萄酒及烈酒集团，品牌理念是**"欢聚的创造者"**，并于 2001 年关停了无酒精饮品的产品线。该集团旗下拥有多个品牌，包括爱尔兰制酒公司的产品，比如著名的**尊美醇**（Jameson）和**帕蒂**（Paddy）。2005 年，保乐力加将**百世醇**（Bushmills）卖给了对手**帝亚吉欧**。保乐力加旗下的调和威士忌品牌包括**芝华士**（Chivas Regal）、**百龄坛**（Ballantines）及**金鹰堡**（Clan Campbell）。

异军突起：日本集团 ————

日本原是威士忌圈的圈外人，如今已成为毋庸置疑的威士忌大国。日本佳酿的成功却将酒厂置于困难境地：产量难以满足市场需求。日本有两大酒饮集团，**三得利**和**一甲**。他们独立负责自家产品——单一麦芽威士忌及**调和威士忌**——的宣传及分销。小型酒厂的运作方式也是如此。日本市场已具备相当庞大的威士忌消费群体。

进阶阅读

威士忌风靡全球，但不少有着数百年历史的威士忌酒厂却陷入前所未有的困境。市场变得如此庞大，竞争对手如此强势，该如何生存？一个解决方案是：为宣传经费充足、销量火爆的调和威士忌酿造基酒，比如**尊尼获加**。虽然这意味着酒厂需做出妥协，放弃生产自己的纯麦威士忌，但这个办法为许多已无力革新的酒厂打开了一扇门。

真的还是假的?
法国鲜有专营威士忌的场所

假的。 法国的威士忌爱好者数量位列世界第一，喜爱苏格兰威士忌的尤多。因此，法国出现了许多专为威士忌爱好者提供酒饮的场所，且种类日益增多。如今，就连法国的小城镇中，也出现了自诩能够满足威士忌爱好者需求的场所。

目的是什么?

度过一个与众不同的夜晚。 酒饮质量自然重要，但于你而言，更重要的是进入威士忌的世界。因此，可以选择一处能令你沉浸在威士忌世界中的场所。比如一家营造出美国禁酒令时期的非法氛围感的酒馆，聆听着那个年代的音乐，仿若置身于当时的地下酒吧；或者一家具有英伦格调的舒适酒馆，气氛惬意而安宁，令你好似穿越了芒什海峡。虽然这种氛围是人为打造的，但此类场所也不失为一个有趣的选择。

探索威士忌。 如果希望深入了解威士忌，可以选择一处以威士忌为招牌的场所，换句话说就是"威士忌吧"。按常理而言，这种场所的酒款往往选择繁多，且不乏罕见之作，能够满足你的探索欲望。而且，你还能在吧台品鉴它们，乐趣十足。

以威士忌搭配晚餐。 专业做餐酒搭配的餐厅十分罕见，更常见的是提供塔帕斯伴酒小食的酒吧。这些小食能让顾客不那么容易喝醉。但要注意的是，酒吧提供的小食与酒水并不一定相配。

好的侍酒师

* **他不会想方设法地让你点最贵的威士忌。** 相反，在结账前，他会为你指出哪一款酒饮的价格过高了。

* **你可以向他寻求建议。** 他会为你介绍酒单。如果不了解酒单上的某款威士忌，他会向你大方承认。

* **如果你向他咨询某个品牌的基础信息，** 他会为你解答。但也不要提出太多问题，他们还要服务其他客人!

* **如果你希望品鉴多款威士忌，** 他会为你推荐合理的品鉴顺序。

* **如必要时，** 他会友善地提出，你正游走在"暴殄天物"的边缘。

英式酒吧

Pub 是什么意思？在英国，pub 就是**售卖酒精饮料的场所**。

在法国，pub（英式酒吧）和咖啡馆、酒吧（bar）并不一样，区别首先体现在装潢上。英式酒吧往往面积更大，装潢为英伦风格，多在夜晚营业。吧台上摆满了啤酒机，酒架上垒满了威士忌酒瓶。英式酒吧的顾客多是喧闹的年轻人。

如果一家英式酒吧的名字里出现了"爱尔兰"这个词，这通常意味着，我们能在那里喝到健力士黑啤，但不一定能喝到**优质的**威士忌或波本威士忌。毕竟，人们去英式酒吧是为了和朋友开心地聚一聚。年轻人都喜欢喝啤酒，英式酒吧的啤酒选择往往能满足他们的需求。至于**威士忌**，还是留待享用丰盛大餐时再品鉴吧。

进阶阅读

若想从酒水店中买到心仪酒款，建议认准一家店。当你连续多次光顾一家店后，专业的店老板就会明白，让你成为他的顾客对他是有好处的，那么他就会尽力地满足你。如果你不嫌麻烦地把预期告知老板，他就能了解你的口味，给出的建议也会符合你的要求。而这并不妨碍他鼓励你尝试新的风味。大胆地把你的想法告诉老板，即使是负面的也没有关系。

酒水店老板之所以选择这个职业，就是因为他们喜欢与客人谈天说地。如果你想找一款威士忌，但是只知道名字，完全可以和老板分享。他或许也十分享受寻找这款威士忌的过程。

真的还是假的？
圣殿酒吧提供超过 400 款威士忌

真的。 传奇的圣殿酒吧坐落于都柏林的圣殿酒吧区，那里挤满了无数想体验都柏林年轻人生活的外国人。在圣殿酒吧区，若想用啤酒或威士忌解解渴，那是再容易不过的事情了。

威廉·坦普尔爵士

威廉·坦普尔（William Temple）是纯正的英格兰人，**1682 年**出生于伦敦，后求学于**剑桥大学**。他是一名出色的外交官、散文家，曾任**查理二世**（Charles II）的顾问。他的秘书是《格列佛游记》的作者**乔纳森·斯威夫特**（Jonathan Swift），一个土生土长的都柏林人，生在这里，也死在这里。威廉·坦普尔因担任爱尔兰议会议员，来到了首都都柏林生活，在这座城市留下了印迹。坦普尔在利菲河河畔建造了一栋美丽楼房，周围环绕着壮丽花园。这片区域便是后的圣殿酒吧区（Temple Bar）：圣殿（Temple）取自坦普尔的姓；酒吧（Bar）一词在当时的拼写为 barr，指沿河道路。**19 世纪初**，商人在此开设店铺，随后又吸引来了艺术家。

深入酒吧

圣殿酒吧区的酒吧于下午开始营业，至**凌晨两点**打烊。大部分酒吧空间宽敞。你可能会觉得，在里面找个座位并不难，最好别离带动气氛的音乐家太远。但你错了。夜晚时分，能挤入酒吧大门已堪称壮举。想靠近吧台，必须抛下羞涩；想引起服务生的注意，必须抬高嗓门。想喝上一杯也不是不可能，只是很费劲而已。还有另外一个选择，那就是打破下午不喝酒的好习惯，提前开始品尝酒精。只是下午时，在酒吧里遇不到太多的当地人，他们都在忙于生计；但另一方面，比起晚上的人山人海，下午倒反而有可能和当地人闲聊上几句。

纽约-亚洲

纽约从不缺酒吧，尤其是**曼哈顿**。如果不喜欢或不再喜欢美国威士忌，推荐试试**东村**的一家优雅酒吧，名为**天使的分享**（Angel's Share）。这家酒吧专营日本酒饮及亚洲鸡尾酒，能为你带来双重新鲜感。

进阶阅读

格拉斯哥西区威士忌之旅专为小型参观团设计，主要活动是酒饮品鉴，堪称苏格兰威士忌爱好者的绝佳选择。

在 3 小时的漫步中，游客将到访一系列舒适、小众、具有诱人酒单的酒吧。同时，向导会为你讲解心仪酒款的传奇历史及相关信息，为品鉴之旅锦上添花。

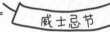

☆ 威士忌逸闻 ☆
威士忌图解小百科

真的还是假的?
威士忌节让人获益良多

真的。在威士忌节上,我们可以品尝从未听说过的威士忌或波本威士忌,了解品鉴艺术的规则,探索值得铭记的餐酒搭配组合;通过研讨会与品鉴小组,我们能进一步学习威士忌知识,还能遇到志同道合的威士忌爱好者。

苏格兰

在**苏格兰,斯佩塞**是酒厂最密集的地区,多数酒厂均开放参观。5月初,为期5天的斯佩塞威士忌节(Spirit of Speyside Whisky Festival)拉开序幕,热闹欢腾。所有酒厂都将敞开大门。人们摩拳擦掌,兴致勃勃地参加节日的各类活动,包括品鉴会、晚宴及演唱会。

艾雷岛狂欢节(Feis Ile)于5月底举行,以音乐为主题,尤其是盖尔语的歌曲。届时,你将能在音乐工坊中学习这些歌曲。岛上的酒厂也会参加狂欢节。人们可以一边打高尔夫或保龄球,一边品尝美酒。

爱尔兰

爱尔兰的美食佳节闻名遐迩,节庆期间可品尝当地的美味佳肴。**沃特福德的丰收节**(Harvest Festival)于9月初举行,为期3天,届时可参观威士忌酒厂。在丰收节上,人们能够享受美食,和亲朋好友一起度过欢愉时光。

你知道吗,生蚝与威士忌是绝配。9月底,为期3天的**国际生蚝海鲜节**(International Oyster and Seafood Festival)在**戈尔韦**拉开帷幕。届时,你将有机会亲自验证一下。

3月17日,爱尔兰全岛都会庆祝圣帕特里克节。没错,这是一个宗教节日,但酒吧里人山人海。在这一天,如果想像平时一样节制饮酒,需要极强的意志力,毕竟人人都在痛快畅饮。

英格兰

英格兰有许多以传授威士忌知识为主题的威士忌节。4月在**布里斯托**，5月在**伦敦**，9月在**利物浦**，10月在**曼彻斯特**，11月在**伯明翰**，均有此类威士忌节。

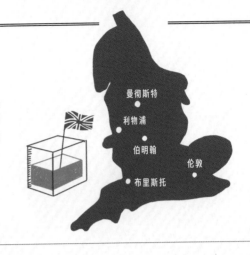

日本

日本威士忌大获成功后，越来越多的烈酒祭典应运而生。1月，位于东京与京都中间的**名古屋**会举办威士忌爱好者活动（Whisky Lovers）；2月，威士忌爱好者涌向毗邻东京的埼玉县，参加**秩父威士忌祭**（Chichibu Whisky Matsuri）；6月，**大阪**会举办大型的**威士忌酒展**（Whisky Festival），一票难求；依然是在6月，**福冈**会举行**威士忌座谈会**（Whisky Talk），以研讨形式为主，部分研讨会将以英语进行；7月，**静冈**的**精酿啤酒与威士忌市集**（Craft Beer and Whisky Fair）——正如名字所示——让人们能同时享受啤酒与威士忌之美；8月，一甲酒厂的发源地**北海道**将作为东道主，举办威士忌祭。

美国

3月，**波本威士忌节**（Bourbon Festival）在**新奥尔良**举行，为期4天，热闹非凡。对于威士忌爱好者而言，9月是个享受威士忌的好月份。**纽约**有精酿烈酒展（Craft Spirits Celebration），规模不大，但颇受好评；肯塔基州的**巴兹敦**有肯塔基波本威士忌节（Kentucky Bourbon Festival）。酒厂的工人们纷纷来到室外，参加滚酒桶比赛。"**美国以外的威士忌**"展览（Whisky Leave USA）不定时地在全美不同城市举行，带领你探索世界各地的威士忌。威士忌酒展（Whisky Fest）也采用了巡回形式，举办地包括**洛杉矶、纽约、芝加哥和华盛顿**。

☞ 进阶阅读

法国的威士忌活动要严肃许多。法国威士忌爱好者会报名参加**威士忌大师课**（教授书面知识），以学习知识，获得认证。该课程于2018年推出，5月在图卢兹，11月在里昂。2018年9月，**巴黎威士忌盛会**（Whisky Live Paris）迎来了第15届活动。由马诺斯克酒窖委员会于5月举办的**威士忌展**（Salon du Whisky）为期3天，是更实惠的选择。如果想参加商业气息不那么浓郁、更有节日氛围的活动，可以咨询威士忌爱好者组织或手工酿酒厂。

图书在版编目（CIP）数据

威士忌图解小百科 /（法）多米尼克 - 福费勒著；
（法）梅洛迪·当蒂尔克绘；刘可澄译 . -- 成都 : 四川
文艺出版社 , 2023.7
ISBN 978-7-5411-6476-7

Ⅰ . ①威… Ⅱ . ①多… ②梅… ③刘… Ⅲ . ①威士忌
酒—图解 Ⅳ . ① TS262.3-64

中国版本图书馆 CIP 数据核字 (2022) 第 220490 号

Originally published in France as:
Whiskygraphie
By Dominique Foufelle & Mélody Denturck
Copyright © 2018 Hachette - Livre (Hachette Pratique)
All rights reserved.

本书简体中文版权归属于银杏树下（上海）图书有限责任公司
版权登记号：图进字 21-2022-355 号
审图号 : GS 京（2023）0752 号

WEISHIJI TUJIE XIAOBAIKE

威士忌图解小百科

［法］多米尼克 - 福费勒 著　　［法］梅洛迪·当蒂尔克 绘

刘可澄 译

出 品 人	谭清洁	选题策划	后浪出版公司
出版统筹	吴兴元	编辑统筹	王 頔
责任编辑	李国亮　王梓画	特约编辑	余椹婷
责任校对	段 敏	装帧制造	墨白空间·张静涵
营销推广	ONEBOOK		

出版发行	四川文艺出版社（成都市锦江区三色路 238 号）
网 址	www.scwys.com
电 话	028-86361781（编辑部）

印 刷	河北中科印刷科技发展有限公司		
成品尺寸	210mm×210mm	开 本	20 开
印 张	6	字 数	70 千字
版 次	2023 年 7 月第一版	印 次	2023 年 7 月第一次印刷
书 号	ISBN 978-7-5411-6476-7		
定 价	80.00 元		